그림으로 배우는
지층의 과학

모쿠다이 구니야스 글
사사오카 미호 그림
최원석 감수·박제이 옮김

그림으로 배우는
지층의 과학

지구 땅속 활동을 속속들이 파헤친다!

2016년 경주 지진은 규모 5.8로 우리나라에서 발생한 지진을 관측한 이래 최대 규모였습니다. 또한 2017년에 규모 5.4의 지진이 경주와 가까운 포항에서 발생하면서 우리나라도 지진의 안전지대가 아니라는 생각을 가지게 되었습니다. 그리고 최근에는 백두산 폭발을 소재로 한 영화까지 개봉되어 인기를 끌면서 지질 활동에 대한 관심이 부쩍 높아졌습니다. 하지만 땅의 활동에 대한 관심이 높아진 것에 비해 학생들이 읽을 만한 책은 많지 않은 편입니다. 이는 땅은 변화 없이 그대로 있는 것으로 간주하는 전통적인 관점이 작용해 연구에서 소외되었기 때문인지도 모릅니다.

　환태평양조산대에 속한 이웃나라 일본은 지질 활동이 활발하여 지진이나 화산에 대한 연구가 활발한 편입니다. 그러니 국민들도 땅에 대해 관심이 많을 수밖에 없습니다. 생존과도 직결된 문제이니까요. 일본만큼 지질 활동이

활발하지 않다고 하더라도 땅에 대해서는 많은 관심을 기울여야 합니다. 땅은 인간을 비롯한 동식물 등 우리 모두에게 소중한 삶의 터전이기 때문입니다.

이 책에는 지구 땅속 활동을 파헤치는 흥미진진한 이야기들이 한가득 담겨 있습니다. 원고 감수를 보며 한국 독자들이 더 생생하고 친근하게 지층을 알아갈 수 있도록 우리나라의 실정에 맞는 사례와 그림을 첨가하고 보완했습니다. 책 속의 정확하고 친절한 일러스트와 상세한 설명을 따라가다 보면 지층이 쌓이듯 탄탄한 지식이 여러분의 머릿속에 차곡차곡 쌓이게 될 것입니다.

2020년 3월
과학교사 최원석

• 일러두기

본문에서 한국의 실정에 맞게 글과 그림을 수정, 보완한 부분은 다음과 같습니다.
원고 감수를 봐주신 최원석 선생님과 그림작가 조혜영 님께 감사드립니다.
42, 44, 49, 52, 55, 62, 76, 80-81, 82, 85, 89, 92-93, 106, 108, 112, 122, 124, 126, 128, 140쪽.

우리가 사는 지구에는 다양한 지형과 지질이 있으며, 다양한 생물들이 더불어 살아가고 있습니다. 이 다채로운 자연환경은 46억 년이라는 지구의 역사 속에서 형성되었습니다. 그런데 지구의 나이가 46억 년이라는 사실은 어떻게 알았을까요? 지구의 다채로운 환경은 어떻게 만들어졌을까요? 이렇듯 지구에 관한 각종 수수께끼를 풀 열쇠가 바로 '지층'입니다.

　인간의 역사는 고문서나 회화, 건축물 등에 남겨진 기록을 해독하여 알아냅니다. 그러나 인간이 기록을 남기기 이전의 역사는 지층과 지형으로 알 수 있지요. 지금까지 지구가 어떤 활동을 해왔는지 알 수 있는 것도 바로 지층이 있기 때문입니다. 지층은 우리에게 아득히 먼 옛날 일을 알려주는 타임캡슐인 셈이지요.

　46억 년이라는 역사를 지닌 지구는 지금 이 순간도 쉬지 않고 활동하고 있습니다. 지진과 화산 분화는 자주 일어납니다. 지구상에서 일어나는 자연환경의 변동이 크게 발생하면 자연재해가 됩니다. 그러나 그런 자연환경의 변동이 있었기에 우리 생활의 터전이 만들어진 것입니다. 우리가 지구 변동에 잘 적응해 살아가려면, 지면이 어떻게 움직이고 산이 어떻게 무너지며 강이 어떻게 흐르는지를 이해해야 합니다. 지구의 다양한 움직임을 지층을 통해 읽어내지 못한다면 인간이 앞으로 어떻게 살아야 할지를 생각하는 것은 무척 어려운 일일 것입니다.

　이 책에는 지층을 통해 알 수 있는 지구의 다양한 특징들이 오롯이 담겨 있습니다. 그것을 통해 우리가 지구와 어떻게 공존해야 하는지를 여러분과 함께 고민해보면 좋겠습니다.

2018년 5월
모쿠다이 구니야스·사사오카 미호

차례

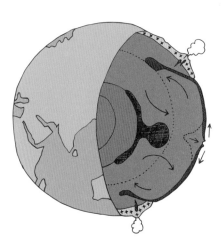

1장

지층 보는 법·
생각하는 법

지층이란 무엇일까?

지층이란 무엇일까요? 지층(地層)이라는 낱말의 '지(地)'는 지구, 대지, 지면, 토지 등의 단어에 들어가는 글자입니다. 우리가 살아가는 토대가 되는 곳, 바로 지구라는 행성을 나타내는 말이죠. 지층의 '층(層)'은 뭔가가 겹쳐 있는 상태를 나타내는 글자입니다. 서로 겹쳐서 만들어진 대지가 바로 '지층'이랍니다.

지질 전문가는 지층이라는 말을 뒤에서 설명할 퇴적암이라는 암석(물과 바람 등의 작용에 의해 쌓인 모래나 진흙)에 대해 사용하지만, 이 책에서는 토양이나 암석 등 지구 표면의 일정한 두께를 구성하는 물질 전반에 대해 사용하겠습니다.

영어로는 지층을 stratum(단수형), strata(복수형)라고 합니다. strata는 여러 겹으로 층층이 쌓인 구조를 나타냅니다. 지층 외에도 대기층이나 사회의 계층 등을 나타낼 때도 사용하지요. 영어권에서는 strata라고 하면 바로 지층을 가리킨다고 합니다.

우리가 살아가는 지구의 표면은 무엇으로 이루어져 있을까요? 지표면 가까이에는 흙이 있습니다. 그 아래에는 돌멩이가 섞인 흙이 있고 더 아래로 내려가면 단단한 암석이 있습니다. 흙은 전문용어로 '토양(土壤)'이라고 합니다. 토양에는 잘게 부서진 암석이나 동식물의 유해, 화산재, 바람에 실려 멀리서 날려온 먼지 등 다양한 물질이 섞여 있습니다.

그 아래에는 암반이 있습니다. 지표에 가까

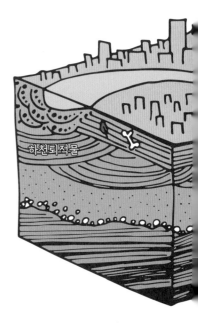

하천퇴적물

운 토양에는 멀리 떨어진 곳에서 이동해온 물질이 많이 포함되어 있습니다. 하지만 그보다 더 아래에 있는 암반은 원래 그곳에 있다가 주변 암반과 하나가 된 것입니다. 물론 원래 그곳에 있었다고 해도, 더 옛날에는 더욱 깊은 곳에 있었거나 화산의 분화로 어딘가에서 흘러왔을 수도 있습니다.

암반은 '평야(平野)'라고 불리는 낮은 대지에서는 지하에 있기 때문에 우리 눈으로 직접 보는 일은 드뭅니다. 그러나 산에 가면 볼 수 있습니다.

▶ **다양한 지층**

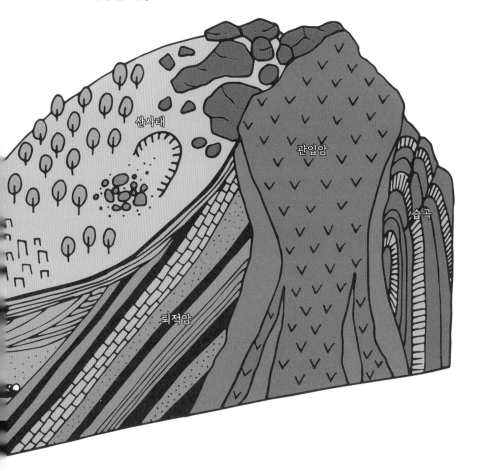

지층의 층이 나타내는 것

대부분의 사람은 지층이라는 말을 들으면 수평으로 펼쳐진 여러 장의 층이 쌓여 겹쳐진 절벽을 떠올립니다. 일반적으로 지층은 줄무늬로 인식되는 듯합니다. 그렇다면 이렇게 줄무늬를 이루는 이유는 무엇일까요?

지층의 각 부위에는 저마다 이름이 있습니다. 지층 한 장 한 장은 '단층(單層)'이라고 부릅니다. 단층은 같은 작용을 받았거나 연속으로 만들어진 지층입니다. 이 단층이 켜켜이 쌓여 있다는 것은 한 장의 지층(단층)이 생기는 시기와 지층이 만들어지지 않았거나 깎인 시기가 반복되었다는 사실을 나타냅니다. 지층이 생기거나 깎였다는 것은 그곳의 환경이 변화했음을 뜻하지요.

지층이 만들어진다는 것은 흙이나 모래, 화석 등이 퇴적되었다는 말과도 같습니다. 지층이 만들어지지 않았다는 것은 흙이나 모래, 화석이 그곳까지 운반되지 않아 퇴적되지 않았거나, 퇴적되었더라도 깎여나간 경우를 의미합니다. 어느 쪽이든 지층이 남아 있지 않으므로 실제로 무슨 일이 일어났는지는 알 수 없습니다.

이렇듯 지층이 어떻게 쌓여 있는지를 관찰하면 과거에 그곳에서 무슨 일이 일어났는지 가늠할 수 있습니다. 예를 들어 지층이 연속으로 퇴적되어 있을 때 모래에서 진흙으로 입자의 크기가 변했다면 위쪽과 아래쪽 지층의 종류는 다릅니다. 이 두 지층의 관계를 '정합(整合)'이라고 합니다. 이는 흙과 모래가 쌓인 곳의 환경이 크게 변하지 않았음을 나타냅니다.

한편, 일단 퇴적된 지층의 윗면이 깎인 후 다시 흙과 모래가 쌓이면 경계가 생깁니다. 이러한 단층 관계를 '부정합(不整合)'이라고 합니다. 부정합은 아래쪽 지층이 깎여 들어가므로, 경계가 물결치거나 비스듬할 수도 있지요. 또 위쪽 지층이 기운 방향과 아래쪽 지층이 기운 방향이 반드시 일치하지는 않습니다. 지층의 줄무늬는 이러한 정합과 부정합의 모임이라 할 수 있습니다.

▶ 지층과 부정합이 생기는 원리

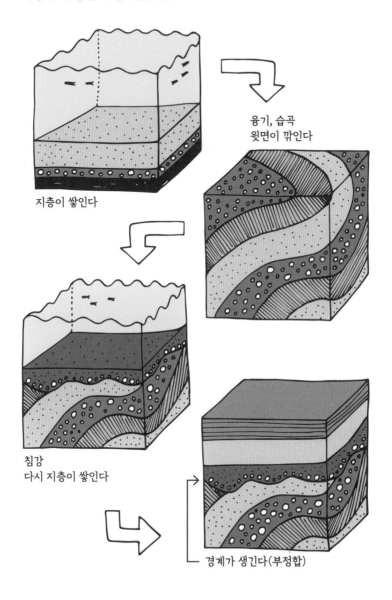

지층이 쌓인다

융기, 습곡
윗면이 깎인다

침강
다시 지층이 쌓인다

경계가 생긴다 (부정합)

현재는 과거를 푸는 열쇠

인류가 지층을 통해 과거를 이해하게 된 것은 불과 수백 년 전의 일입니다. 지층에 기록된 것이 현재 지구에서 일어나는 다양한 현상과 같다는 사실이 받아들여지기까지 아주 오랫동안 논쟁이 이어졌습니다.

중세 이전 유럽 사람들의 생각을 강하게 지배한 것은 기독교였습니다. 그들은 대지는 물론 모든 것을 신이 만들었다는 천지창조설을 믿었습니다. 성경에는 노아의 대홍수라는 사건이 기록되어 있는데, 지구상의 생명 대부분이 사라진 대사건입니다. 그들은 땅속에서 나온 화석을 이를 토대로 해석했습니다. 화석이 바로 노아의 대홍수가 일어난 증거라고 생각한 것이죠.

이런 배경 속에서, 덴마크의 학자 니콜라우스 스테노는 지층을 유심히 관찰하여 그것이 어떻게 만들어졌는지 연구했습니다. 그는 오래된 지층 위에 새로운 지층이 쌓인다는 '지층누중의 법칙'을 발견한 인물입니다. 지금이라면 당연한 소리이지만, 당시에는 지층 위에 지층의 퇴적이 시간의 경과를 나타낸다는 사실을 간파한 실로 놀라운 사건이었습니다.

그 후 물의 작용으로 지층이 생성된다는 사실과 땅을 융기시키는 지구 내부의 작용을 관련지어 생각하게 되었습니다. 스코틀랜드의 학자 라이엘은 과거 지구상에서 일어난 땅의 융기나 침식 작용이 현재에도 계속 일어난다고 생각했고, "현재는 과거를 푸는 열쇠다"라는 유명한 말을 남겼습니다. 이러한 생각에 따라 지층에 기록되어 있는 것을 토대로 과거의 환경을 추정할 수 있게 된 것입니다.

▶ 성경에서 근대과학으로

04

지층과 암석·광물

지층과 비슷한 의미로 쓰이는 '지질'과 '암석'이라는 말이 있습니다. 어떤 의미로 쓰이는 말일까요?

지질(地質)이란 지구의 표면을 구성하는 암석이나 지층의 종류와 성질을 가리키는 말로, 나타내는 범위가 매우 넓은 단어입니다. 그렇다면 지질을 미시적인 관점에서 보면 어떻게 될까요? 지구상의 모든 물질은 원소로 이루어져 있습니다. 원소는 우주가 생성된 빅뱅과 항성 내부에서 발생한 핵융합반응을 통해 만들어졌지요. 이 원소들이 다양하게 조합하여 지구와 지구에 살아가는 생물의 근원인 분자를 이루었습니다. 다시 그 분자들이 모여 광물이 되었습니다. 광물은 자연에서 생산되어 나오는데, 무기질의 결정질 물질로 특정 화학식으로 나타낼 수 있습니다. 한 종류 또는 여러 종류의 광물이 모이면 암석(巖石)이 됩니다. 그래서 대부분 암석은 동물과 식물 이외의 자연물이라 할 수 있는데, 석회처럼 유기물이 굳은 것도 있습니다. 암석의 종류는 화성암, 퇴적암, 변성암 등으로 다양합니다. 이 암석이 연속하여 분포하면 바로 지층이 되는 것입니다.

지구라는 개체의 부분에 주목하여 그것이 어떻게 분포하고 어떤 성질을 지니는지 조사하는 것이 '지질학'입니다. 영어로는 geology(지오로지)라고 합니다. 'geo'란 그리스어로 지구, 'logy'란 logos(로고스), 즉 지식을 의미합니다. 지질학이란 곧 지구에 관한 학문인 것입니다. 절벽에서 눈으로 관찰할 수 있는 지층을 이용하여 지구의 역사를 가늠하는 것 또한 지질학의 일부라 할 수 있겠지요.

▶ 미시에서 거시로

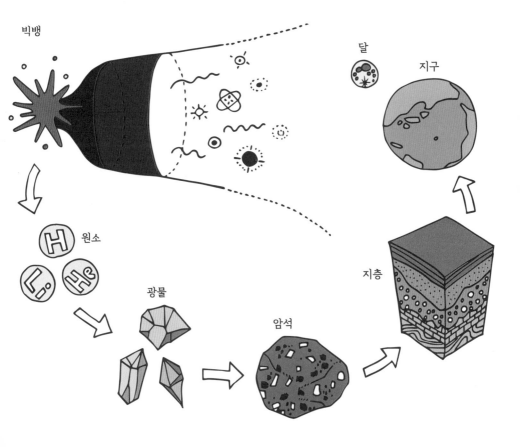

빅뱅

달
지구

원소

광물

암석

지층

암반과 돌멩이·모래·진흙

산(山)은 지하에서 올라온 암반으로 이루어져 있고, 그 표면을 토양이 뒤덮고 있습니다.

그 토양에 식물이 뿌리를 내리고 동물이 서식합니다. 산을 이루는 암반은 빗물이나 기온 변화, 식물 뿌리의 움직임, 박테리아의 작용 등으로 서서히 약해집니다. 이렇듯 암반이 약해지는 작용을 '풍화작용'이라고 합니다.

약해진 암반은 폭우나 지진이 일어나면 부서집니다. 부서진 직후의 바위 모서리는 날카롭습니다. 하지만 강의 상류에서 하류로 운반되는 과정에서 이 모서리가 점점 닳습니다. 물속에서 서로 부딪혀 깨지고 떨어져나가 점점 둥글어지고 크기는 작아집니다. 바위가 부서져 생긴 돌멩이를 전문용어로는 '역(礫, 자갈)'이라고 합니다.

이러한 자갈은 하류로 갈수록 입자가 점점 작아져서 모래가 됩니다. 더욱 자잘한 돌멩이가 되는 것이지요. 이렇듯 입자가 작아질 대로 작아진 모래는 하류까지 도달하여 해안에서 해빈(海濱, beach)을 만듭니다.

모래보다 고운 입자는 실트(silt) 또는 점토라고 합니다. 이 실트와 점토를 합쳐서 진흙이라고 하지요. 진흙은 물에 뜬 상태로 하류로 운반됩니다. 그러다 강이 범람하면 강 주변에 쌓이고 바다까지 도달하면 서서히 해저에 쌓입니다.

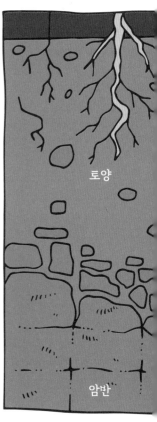

토양

암반

이 자갈, 모래, 진흙은 지질학에서는 입자의 크기에 따라 분류됩니다. 2mm보다 큰 것이 역(자갈)이고, 그보다 작은 것이 모래입니다. 모래보다도 작은 1/16mm 이하는 실트, 1/256mm 이하는 점토라고 부릅니다. 그 기준이 되는 16과 256이라는 숫자는 각각 2의 4제곱, 2의 8제곱입니다. 앞에서도 이야기했듯 실트와 점토를 합쳐서 진흙이라고 부릅니다. 지질학에서 점토는 입자의 크기에 따라 구분되기 때문에 흙과는 의미가 다릅니다.

역이 모여서 암석이 되면 역암(礫巖)이 되고 모래가 모여서 암석이 되면 사암(砂巖)이 됩니다. 실트나 점토가 모여서 암석이 되면 이암(泥巖)이 됩니다.

▶ 암석의 크기 변화

2mm

1/16mm

역(자갈)

모래

실트

06

돌멩이의 형태와 생성 과정

돌멩이의 형태를 보면 그것이 어떤 환경을 거쳐왔는지 알 수 있습니다.

돌멩이는 산사태 등으로 암반에서 떨어져나와 하천으로 흘러 들어갑니다. 이때는 처음 떨어진 면을 따라 쪼개지므로 모난 형태를 띱니다. 이것을 '각력(角礫)'이라고 합니다. 이 돌멩이가 강을 따라 내려갈 때 서로 부딪히고 모서리가 떨어지면서 작아집니다. 단단한 처트(chert) 등은 좀처럼 부서지지 않지만 비교적 무른 이암 등은 금세 입자가 고운 진흙으로 변합니다. 각력에서 약간 둥글어진 것을 '아각력(亞角礫)', 더욱 둥글어진 것은 '아원력(亞圓礫)'이라 하고, 모서리가 떨어져나간 둥근 돌멩이를 '원력(圓礫)'이라 부릅니다.

이처럼 돌멩이의 형태는 굳기에 따라 구분됩니다. 또 형태를 통해 얼마나 이동했는지도 알 수 있습니다. 강에서 해안까지 도달한 돌멩이는 파도가 치는 곳에서 수없이 흔들립니다. 그래서 해안의 돌멩이는 강변에 있는 돌멩이보다 모양이 평평합니다.

때로 돌멩이가 많은 평평한 강가 지대에서 돌멩이들이 같은 방향으로 줄지어 늘어서 있는 광경을 볼 수 있습니다. 이런 현상은 어떻게 생기는 걸까요? 돌멩이는 강물이 많으면 강바닥을 구르며 물을 따라 흘러갑니다. 그러다 흐름이 멈출 때 앞에 있는 돌멩이에 걸려서 물의 영향을 받지 않는 방향으로 줄지어 서게 되는데, 이렇게 돌멩이들이 한 방향으로 배열된 구조를 '와상중첩구조'라고 부릅니다. 기왓장이 켜켜이 겹친 모습과 닮아서 와상(瓦狀)중첩구조라는 이름이 붙은 것이지요. 와상중첩구조가 나타나는 곳에서는 어느 쪽이 상류인지 강물의 흐름을 보지 않고도 판단할 수 있습니다. 그래서 지층에 포함된 돌멩이의 방향을 조사해 와상중첩구조를 파악하면 과거 그곳에서 강물이 어느 방향으로 흘렀는지를 추정할 수 있답니다.

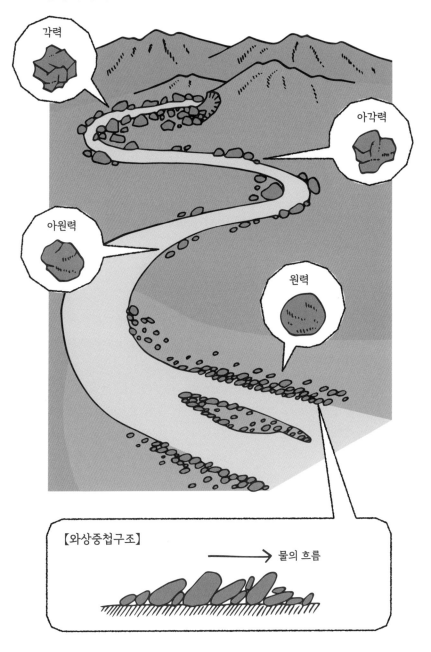

▶ 돌멩이 형태의 변화

각력

아각력

아원력

원력

【와상중첩구조】

물의 흐름

07

모래가 만들어내는 모양

○ 다채로운 모래

해안과 강가의 모래는 그 강의 물이 모여드는 범위에 있는 산지와 구릉지의 지질을 반영합니다. 따라서 장소에 따라 모래의 종류가 달라지지요. 모래가 어떤 입자로 이루어져 있는지 루페나 현미경을 이용해 관찰해봅시다. 루페 사용법은 26쪽을 참고하기 바랍니다. 화강암이 분포하는 지역의 해안은 흰 빛을 띱니다. 이는 화강암을 만드는 석영 입자가 모래로 이루어져 있기 때문입니다. 한편 우리나라 제주도에서는 검은 모래 해변을 흔히 볼 수 있습니다. 이곳의 검은 모래는 현무암이 부서져서 생긴 것입니다.

○ 모래가 만들어내는 모양

모래는 각 장소의 흐름을 반영하여 다양한 모양을 만들어냅니다. 강이나 바다의 밑바닥에 어떤 모양이 있는지 관찰해보세요.

모래가 요철 모양을 띠는 경우가 있습니다. 이것을 '연흔(漣痕, ripple)'이라고 부르는데, 잔물결이나 파문 등을 뜻합니다. 물이 한 방향으로 흐른다는 조건에서 모래가 이동하면서 생겨나는 모양은 상류에서 하류를 향한 비대칭적 형태를 띱니다. 만약 지층에서 이러한 퇴적 구조가 보인다면 과거에 이곳에서 물이 어떤 방향으로 흘렀는지를 알 수 있겠지요. 이 모양을 일컬어 '흐름연흔(current ripple)'이라고 부릅니다.

파도가 치는 곳에서는 흐름연흔과 비슷한 모양의 요철을 관찰할 수 있습니다. 그러나 자세히 보면 흐름연흔과는 다릅니다. 파도에 의해 물이 왔다 갔다 하므로 대칭을 이루는 형태를 띠기 때문입니다. 이것은 '파도연흔(wave ripple)'이라고 부릅니다. 연흔과 마찬가지로 지층에서 파도연흔이 보인다면 과거 그곳이 파도치는 장소였다는 사실을 알 수 있겠지요.

▶ 물의 흐름으로 생겨나는 모양

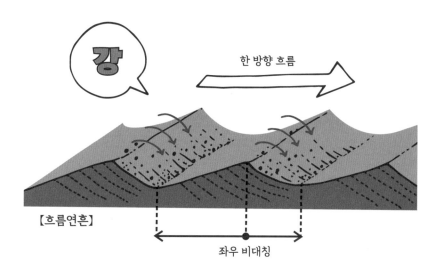

【흐름연흔】

좌우 비대칭

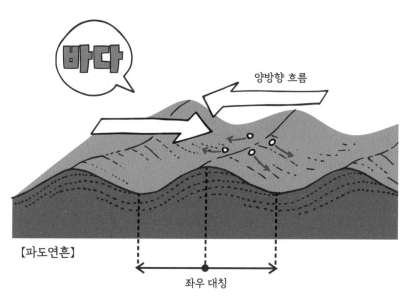

【파도연흔】

좌우 대칭

루페 사용법

돌멩이와 모래, 길가에 있는 암반이 어떤 종류의 암석으로 이루어졌는지 조사하기 위해서는 자세히 관찰해야 합니다. 이러한 관찰을 야외에서 하고 싶을 때 사용하는 것이 바로 루페(loupe)입니다. 루페는 휴대가 편리하며 보고 싶은 곳만 크게 확대해서 볼 수 있는 도구랍니다.

　루페를 사용할 때는 요령이 있습니다. 다음 그림을 참고해보세요.

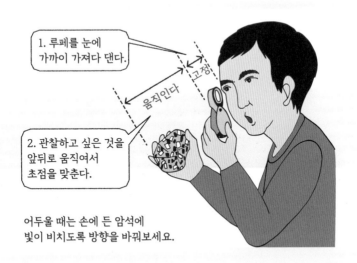

1. 루페를 눈에 가까이 가져다 댄다.

고정

움직인다

2. 관찰하고 싶은 것을 앞뒤로 움직여서 초점을 맞춘다.

어두울 때는 손에 든 암석에 빛이 비치도록 방향을 바꿔보세요.

※ 야외에서는 루페를 잃어버리기 쉬우므로 끈을 꿰어 목에 걸고 다니면 좋습니다.

2장

지구의 구조

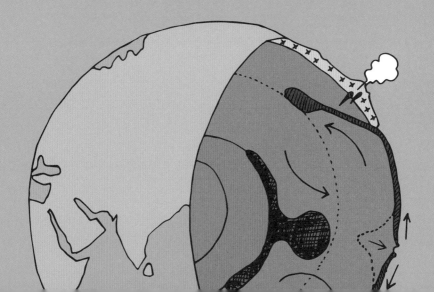

지구의 알맹이

지층은 지구 표면에 있습니다. 지구의 반지름이 6300킬로미터 이상인 것을 생각하면 말이 표면이지 상당히 두꺼운 편입니다. 지구 내부를 화학적 성질로 구분하면 가장 바깥 부분을 '지각'이라고 부릅니다. 지각의 두께는 해양에서는 약 5킬로미터, 육지에서는 약 30킬로미터 정도입니다.

지각이 두꺼운 육지라 해도 두께는 지구 반경의 고작 200분의 1밖에 되지 않습니다. 참고로 달걀의 반지름은 2~3센티미터이고 달걀껍데기의 두께는 약 0.4밀리미터입니다. 지구가 만약 달걀 정도의 크기라면 지각은 달걀껍데기보다 얇은 셈입니다. 지층은 바로 이 지각에 있습니다.

지구 내부는 어떻게 생겼을까요? 지각 아래에는 맨틀이 있습니다. 이 지각과 맨틀의 경계는 '모호로비치치 불연속면'이라고 부릅니다. 러시아의 모호로비치치가 지진을 연구하다 발견했기에 붙여진 이름입니다. 맨틀은 암석으로 이루어져 있으며 지구의 약 80퍼센트를 차지합니다. 그리고 중심부에는 핵이 있습니다. 이 핵은 철과 니켈 같은 금속으로 구성되어 있습니다.

지구 내부를 굳기로 나누면 지각과 맨틀의 상부는 '암석권'이라 불립니다. 지진 관련 뉴스에서 자주 들을 수 있는 '○○판'이 바로 이 암석권이지요. 그리고 암석권 아래에 있는 유동성이 있는 맨틀은 약하거나 연한 영역으로 '연약권'이라고 불립니다.

▶ 지구의 내부 구조

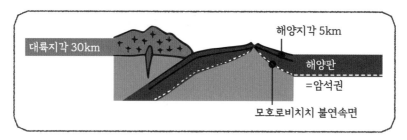

대륙지각 30km
해양지각 5km
해양판
=암석권
모호로비치치 불연속면

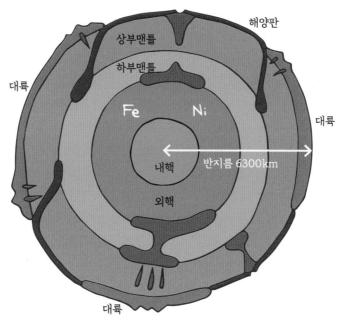

해양판
상부맨틀
하부맨틀
대륙
Fe　Ni
대륙
반지름 6300km
내핵
외핵
대륙

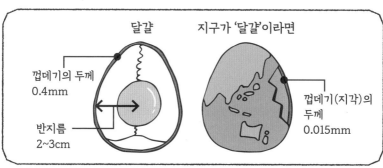

달걀　　지구가 '달걀'이라면

껍데기의 두께
0.4mm

반지름
2~3cm

껍데기(지각)의
두께
0.015mm

대지의 움직임

지구상에서 일어나는 다양한 현상을 통일적으로 생각하기 시작한 것은 '판구조론'이 탄생한 이후입니다.

알프레트 베게너는 아프리카 대륙과 남미대륙 해안선이 마치 퍼즐처럼 딱 맞는다는 사실을 발견하고, 과거에 하나로 이어져 있던 두 대륙이 서로 떨어져 이동했다고 생각했습니다. 그리고 이 생각을 정리해서 1900년 대륙이동설을 발표했습니다. 그러나 당시 과학으로는 대륙이 움직인다는 것을 도저히 상상할 수 없었기에 그의 주장은 받아들여지지 않았습니다.

그 후 대륙이동설은 얼마간 잊혔습니다. 그러다 1940년대 이후 해저 조사가 발달하면서 다시 부상했습니다. 해령에 가까운 곳일수록 해저가 형성된 연대가 짧고 멀어질수록 길다는 사실이 밝혀진 것입니다. 해령이란 해저에 있는 큰 산맥으로 해저화산이 이어지는 곳인데, 여기에서 일어나는 지각 활동으로 해저가 만들어진다는 사실을 알게 된 것입니다. 해저가 움직인다면 그것과 이어진 대륙이 움직인다는 사실도 이해할 수 있습니다. 이렇게 사람들의 뇌리에서 사라졌던 대륙이동설은 해저확장설 덕분에 주목을 받게 됩니다.

해령에서 만들어진 해저는 해저화산에서 분출된 용암, 플랑크톤의 유해가 퇴적되어 생성된 처트, 산호초에서 생겨난 석회암 등을 싣고 이동합니다. 해저가 생성만 한다면 지구는 점점 커지겠지만 실제로 그렇지는 않습니다. 해저가 소멸하는 곳도 있습니다. 해구와 해곡(trough, 대륙 사면과 대양저 경계 부근에 있는 좁고 긴 도랑 모양의 해저 지형. 예전에는 이러한 지형을 모두 해구라고 불렀으나, 최근에는 가장 깊은 수심이 6000미터 이하일 때에는 해구라 하지 않고 '트로프'라고 총칭하여 부른다.—옮긴이)이라고 불리는 해저에 있는 거대하게 움푹 팬 지형입니다. 해저는 여기로 파고듭니다. 예를 들어 일본 열도와 가까운 곳에는 일본 해구와 난카이 해구가 있는데, 바로 이곳이 해저가 소멸하는 곳입니다.

▶ 판구조론

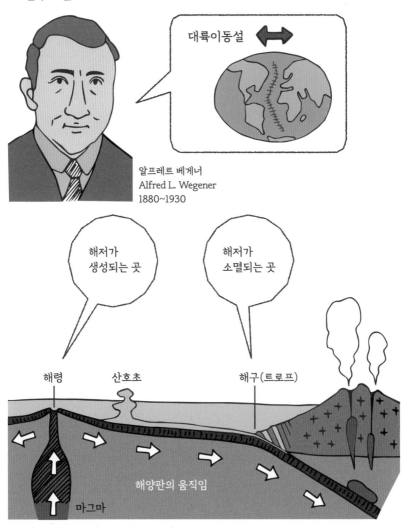

대륙이동설

알프레트 베게너
Alfred L. Wegener
1880~1930

해저가
생성되는 곳

해저가
소멸되는 곳

해령   산호초   해구(트로프)

해양판의 움직임

마그마

　해저와 대륙은 판이 움직이기에 이동하는 것입니다. 이 판의 운동으로 지진이나 화산, 지층의 형성과 같은 지구상의 다양한 현상을 설명할 수 있습니다. 이러한 사고방식을 '판구조론'이라고 부릅니다.

지구상 물질의 순환

하늘에서 내린 빗물은 지면으로 스며들거나 하수도로 흘러듭니다. 지면으로 스며든 비는 지하수가 되어 땅속을 흘러다니다가 솟아오릅니다. 샘솟은 물은 모여서 강이 되어 바다로 흘러듭니다. 바닷물은 증발하여 구름을 만들고 비를 내리게 합니다. 이처럼 지구상에서 물은 순환합니다.

▶ 물과 암석의 순환

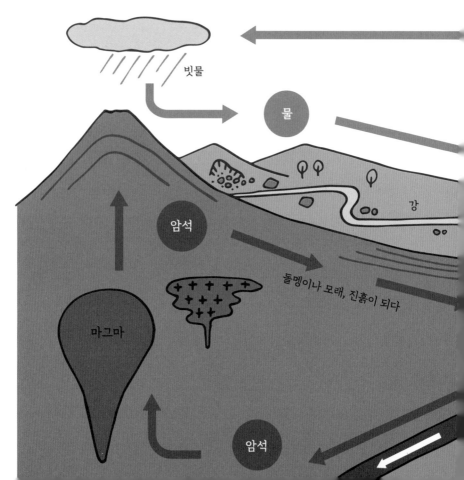

빗물

물

암석

강

돌멩이나 모래, 진흙이 되다

마그마

암석

이러한 물의 순환과 마찬가지로 암석을 만드는 물질도 지구 전체를 순환합니다. 하천에 있는 돌멩이는 홍수 때 하류로 떠밀려갑니다. 이때 서로 부딪혀서 점점 작아지고, 이윽고 모래와 진흙이 됩니다. 모래와 진흙은 하천이나 모래사장을 거쳐 바다 밑에 퇴적됩니다. 퇴적된 모래나 진흙은 해저에서도 특히 깊은 해구에서 지하로 들어갑니다. 일부는 녹아서 마그마가 되고 식어서 굳으면 암석이 됩니다. 또 일부는 압력을 받고 굳어서 암석이 됩니다. 이렇게 생성된 암석은 융기하여 산이 되고 이윽고 무너집니다. 무너진 것은 강으로 흘러들고 서로 부딪히면서 모서리가 깨지고 다시금 돌멩이가 됩니다. 하천과 해안 등에서 볼 수 있는 돌멩이는 이러한 순환 속에 존재합니다.

이는 수천 년에서 수억 년이라는 긴 시간이 걸리는 여정입니다.

물이나 돌멩이뿐만 아니라 다양한 물질이 46억 년이라는 지구의 역사 속에서 순환을 반복하며 현재의 자연환경을 만들어내고 있습니다. 탄소와 질소 등은 때로는 기체가 되고 때로는 생물의 몸이 되고 때로는 암석이 되는 등 다양한 형태로 지구상에 존재합니다.

물

구름

증발

바다

퇴적

해구

11

마그마란?

지구라는 행성 자체는 고체이지만, 땅속에는 암석이 녹아 액체로 이루어진 곳이 있습니다. 우리는 그것을 '마그마(magma)'라고 부릅니다. 마그마가 굳은 것이 암석이지요. 지표면에서는 물의 작용으로 돌멩이와 모래, 진흙이 운반되고 이것이 쌓여 지층이 됩니다. 나아가 암석이 녹아서 마그마가 되고, 마그마가 굳어서 암석이 되는 작용을 통해서도 지층이 만들어집니다.

암석 대부분은 800~1200℃의 고온에서 녹습니다. 이것이 마그마의 온도라고 할 수 있습니다. 마그마 같은 고온의 물질은 우리가 사용하는 온도계로는 잴 수 없습니다. 따라서 온도를 잴 때는 고온의 물체가 열에너지를 빛으로 방출하는 성질을 이용합니다. 빛의 파장을 재는 센서로 파장역과 빛의 양을 측정하여 온도를 재는 것이지요.

지하 수십 킬로미터 깊이에서 암석이 녹아 마그마가 되면 부피가 커지므로 일정한 부피당 무게인 비중은 작아집니다. 그러면 마그마는 주위에 있는 암석보다 가벼워지기 때문에 지표 근처(지표에서 수 킬로미터의 깊이)까지 솟아올라 고입니다. 이런 곳을 '마그마꿈(magma chamber)'이라 부릅니다. 암반에 균열이 생기면 마그마는 그곳으로 흘러들어갑니다.

마그마가 지표면에 가까워지면 그곳에서 열을 빼앗겨 온도가 내려가려가고 그렇게 천천히 식어서 굳습니다.

▶ 마그마의 형성 과정

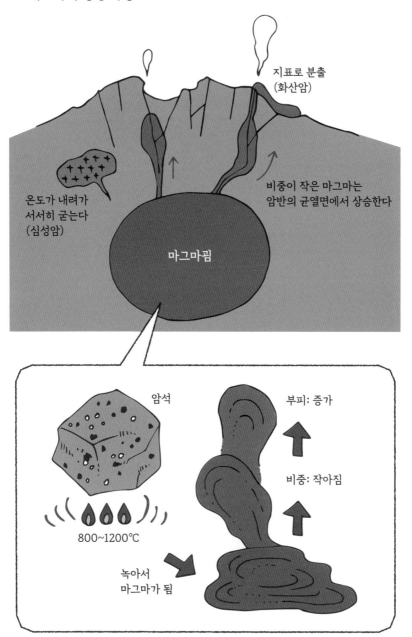

지표로 분출
(화산암)

온도가 내려가
서서히 굳는다
(심성암)

비중이 작은 마그마는
암반의 균열면에서 상승한다

마그마굄

암석

부피: 증가

비중: 작아짐

800~1200°C

녹아서
마그마가 됨

12

달의 지층,
지구의 지층

지구에는 산과 구릉, 평야, 해저 등 다양한 지형이 있습니다. 하지만 우주에서 지구와 매우 가까운 위치에 있는 달에는 이러한 지형이 보이지 않습니다. 이 차이는 어떻게 생겨나는 것일까요?

우리가 사는 지구에는 물과 공기가 있습니다. 한편 달에는 공기와 물이 없어서 생물이 살지 않습니다. 물과 공기는 온도가 올라가면 가벼워지고 온도가 내려가면 무거워집니다. 따라서 온도차가 발생하면 공기와 물의 이동이 일어납니다. 물과 공기가 이동할 때 진흙, 모래, 돌멩이 등 다양한 물질이 함께 움직입니다. 물과 공기가 있는 곳에서는 그러한 작용을 거쳐 지표의 형태가 변화합니다. 그러나 달에는 물과 공기가 없으므로 물질의 이동이 일어나지 않습니다.

또한 지구는 내부가 뜨거우므로 열이 빠져나갈 수 있도록 지면이 수평 방향으로 이동합니다. 충돌하는 지점 또는 열이 분출되는 곳이라고도 할 수 있는 화산에서는 지면이 솟아오릅니다. 높은 곳이 생기면 그곳의 암석은 중력에 의해 낮은 곳으로 이동합니다. 지구에는 공기와 물이 있고 게다가 내부가 뜨겁기 때문에 지구 표면에서는 오래된 지층은 깎이고 새로운 지층이 생성되며 지구상의 요철인 지형이 만들어지는 것입니다.

달 표면에는 크레이터(crater, 구덩이)가 있습니다. 크레이터는 달이 탄생한 후 운석이 충돌하여 만들어진 지형입니다. 달에는 물과 공기 같은 변화의 요소가 없으므로 크레이터가 생성되면 그 지형이 그대로 남습니다. 1961~1971년의 아폴로 계획(Apollo Project)을 통해 우주비행사가 달 표면에 착륙했습니다. 그 후로 약 50년이 지났지만 달 표면에 생긴 당시의 발자국과 바퀴자국은 현재도 그대로 남아 있습니다.

▶ 달에 남겨진 흔적

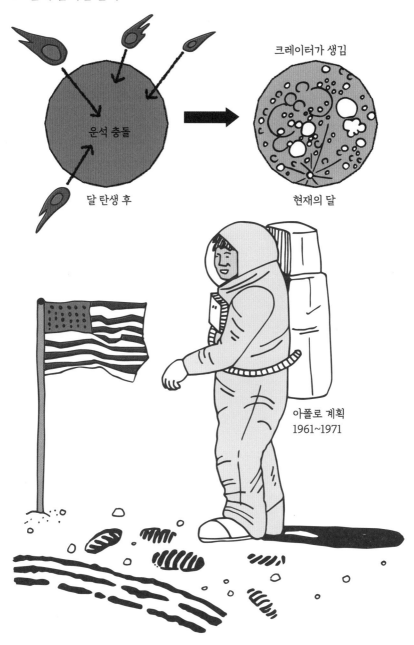

운석 충돌

달 탄생 후

크레이터가 생김

현재의 달

아폴로 계획
1961~1971

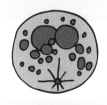

달로 파악할 수 있는 지구의 역사

지구가 탄생할 당시, 지구 표면은 미행성이 연달아 충돌하는 상황이었습니다. 미행성의 운동에너지가 충돌을 통해 열에너지로 변하여 지구 표면의 온도는 높아졌습니다. 그래서 암석이 녹아 액체에 가까운 마그마 상태가 된 것으로 추정합니다. 이것을 '마그마 바다(magma ocean)'라고 부릅니다. 따라서 당시 존재하던 물질은 죄 녹아버려서 지층에 남아 있지 않습니다.

그런데도 지구는 지금으로부터 약 46억 년 전에 탄생했다고 추정하고 있습니다. 이 기록은 어디에 남아 있는 것일까요?

그중 하나는 달이었습니다. 지구가 탄생한 최초 단계인 원시지구에 미행성이 충돌하면서 생긴 파편들이 모여 지구의 위성인 달을 이루었기 때문입니다. 달에서는 지구와 같은 마그마 활동이나 침식 작용이 일어나지 않으므로 달 표면에는 지구와 달의 탄생 당시의 돌멩이가 그대로 남아 있습니다. 이들 암석을 분석하여 가장 오래된 것이 46억 년 전이라는 결과가 나왔습니다. 지구에는 남아 있지 않지만 달에 그 증거가 남아 있는 것이지요.

달 외에 운석도 45억 년 전이라는 오랜 세월의 흔적을 보여줍니다. 원시행성이 충돌할 때, 그리고 지구와 미행성이 충돌할 때 우주 공간으로 날아간 물질이 오랜 시간 우주 공간을 떠돌아다니다 운석으로 떨어진 것입니다.

3장

암석의 종류와
지층의 구조

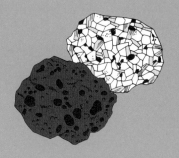

암석의 종류

지층을 만드는 암석의 종류는 다양합니다. 전문적으로는 생성 방법에 따라 세 종류로 분류됩니다. 첫째, 마그마(암석이 녹은 상태)가 식으면서 굳어져 생긴 화성암, 둘째, 물이나 바람에 의해 운반된 모래나 진흙 등이 쌓여서 생긴

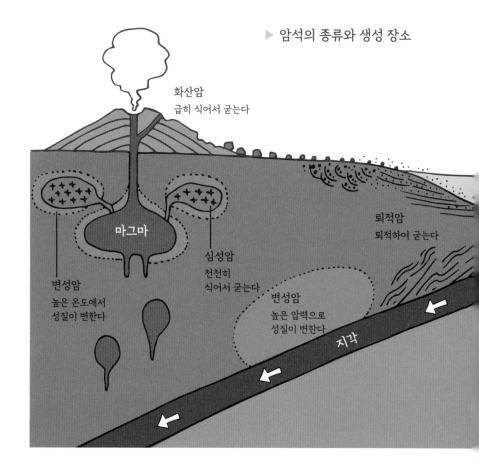

▶ 암석의 종류와 생성 장소

화산암
급히 식어서 굳는다

마그마

심성암
천천히
식어서 굳는다

변성암
높은 온도에서
성질이 변한다

변성암
높은 압력으로
성질이 변한다

퇴적암
퇴적하여 굳는다

지각

퇴적암, 셋째, 화성암이나 퇴적암이 지하의 높은 온도나 강한 압력을 받아 성질이 변한 변성암이 있습니다.

화성암(火成岩)은 마그마가 지하에서 굳었느냐 지상에서 굳었느냐에 따라 두 종류의 암석으로 나뉩니다. 같은 마그마에서 생성된 암석이라도 굳은 장소에 따라 암석의 성질이 달라지지요. 우선 '심성암'을 들 수 있습니다. 마그마는 지하에서 식어서 굳을 때는 서서히 굳습니다. 이때 광물의 결정이 커져서 단단한 암석(심성암)이 되는데, 가장 흔히 볼 수 있는 것이 화강암입니다. 다음으로 '화산암'이 있습니다. 마그마가 지반의 쪼개진 면을 따라 지상에 분출되는 곳이 바로 화산인데요. 화산에서 분출된 마그마가 지상에서 급속히 식어서 이루어진 암석을 화산암이라고 부릅니다. 현재 화산인 장소 또는 과거 화산이 있었으나 현재는 깎여나가 산이 없어진 곳에 화산암이 분포합니다.

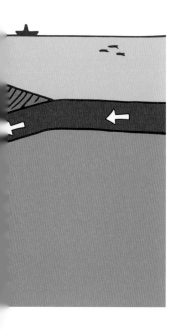

퇴적암(堆積岩)은 호수나 바다의 바닥에서, 또는 강 주변 등에서 흐르는 물을 따라 옮겨진 퇴적물이 압력이나 화학 작용을 받아 단단해진 것입니다. 과거에는 화성암과 구별하기 위해 수성암이라 부르기도 했습니다.

화성암이나 퇴적암처럼 이미 암석이 된 것이 새로이 높은 온도와 압력을 받으면 성질이 변합니다. 이렇게 만들어진 암석을 변성암(變成岩)이라고 합니다. 건물 내장재 등에 주로 사용되는 대리석이 이 변성암 중 하나입니다. 한편 땅속 마그마 주변에 있는 암석의 경우는 마그마의 열을 받아 가열됩니다. 이렇게 뜨거워진 암석도 성질을 바꾸어 변성암이 됩니다. 예를 들어 퇴적암이 열을 받으면 아주 단단한 혼펠스라는 암석이 된답니다.

14

화산이 만드는 암석 (화산암)

화산에서 땅위로 분출된 마그마를 '용암'이라고 합니다. 용암은 분출된 직후에는 물러서 흐르지만 식으면서 굳습니다. 이렇게 굳어서 만들어진 암석이 화산암입니다. 화산암은 조암광물에 따라 종류가 나뉩니다. 조암광물(造岩鑛物)이란 암석을 이루는 주요 광물을 말합니다. 화산암은 크게 일곱 종류의 조암광물이 조합되어 만들어집니다.

검정이나 회색을 띠는 암석은 '현무암'입니다. 제주도의 한라산이나 일본의 후지산, 하와이의 마우나로아 화산, 킬라우에아 화산 등이 대표적 현무암화산입니다. 현무암질 용암은 규소(SiO_2)의 함유량이 적고 점성이 약해서 잘흐르는 것이 특징입니다. 하와이에서는 흐르는 용암 바로 근처까지 갈 수도있습니다. 현무암이라는 이름은 일본 효고현 도요오카시에 있는 현무(玄武)동굴에서 유래했습니다. 현무동굴은 주상절리로 유명한 곳입니다. 주상절리는 현무암질 용암이 굳어져 생긴 것입니다.

현무암에 비해 회색을 띠는 암석이 '안산암'입니다. 남미대륙의 안데스산맥에 널리 분포합니다. 따라서 영어로 안데스 산의 돌이라는 뜻인 '안데사이트(andesite)'라는 이름이 붙었습니다. 그리고 이것을 한자어로 번역하는 과정에서 안산암(安山岩)이 되었습니다. 현무암에 비해 점성이 있는 규산이 많고 폭발적으로 분화하는 것이 암산암의 특징입니다.

안산암보다 더욱 규산이 많은 것이 '데사이트(dacite)'입니다. 미국 워싱턴주에 있는 세인트텔렌스 산이나 1991년 분화한 일본 운젠후겐다케의 용암돔이 데사이트로 만들어진 산입니다. 점성이 있어서 용암이 흘러내리지 않고 돔 형태의 지형을 이룬 것입니다. 데사이트보다 규산이 더욱 많이 함유된 암석이 '유문암'입니다. 석기시대에 화살촉으로 쓰인 흑요석은 유문암의 일종입니다.

▶ 화성암의 분류

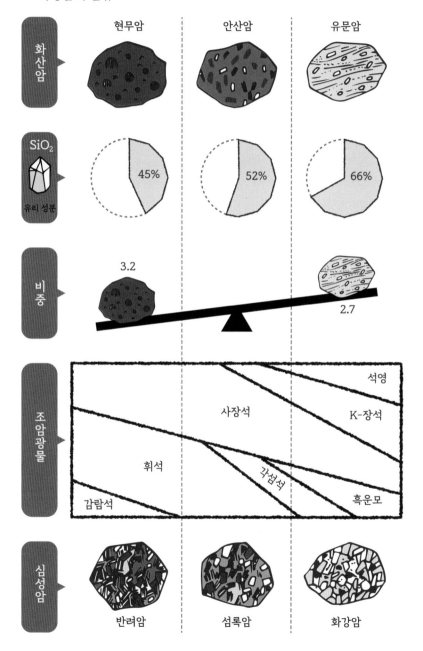

화산암

| | 현무암 | 안산암 | 유문암 |

SiO₂
유리 성분

45% 52% 66%

비중

3.2

2.7

조암광물

석영
K-장석
사장석
휘석
각섬석
흑운모
감람석

심성암

반려암 섬록암 화강암

15

화산에서
분출되는 것

화산이 분화하면 분화구를 통해 용암과 화산가스, 화도 주변의 암석, 수증기 등이 분출됩니다. 이런 분출물 중 멀리까지 날아가는 고체에는 화산재, 화산력, 화산암괴라고 불리는 것들이 있습니다.

화산재라는 말은 잘 알려져 있지만 화산력이나 화산암괴라는 말은 비교적 알려져 있지 않습니다. 알갱이의 크기가 2밀리미터보다 작으면 화산재, 그보다 크고 64밀리미터보다 작은 것이 화산력, 64밀리미터보다 큰 것은 화산암괴라고 합니다. 수 미터에 이르는 거대한 화산암괴가 분출되기도 하지요. 화산이 분화할 때는 이렇듯 커다란 물질이 떨어질 수 있으므로 주의해야 합니다. 거대한 것은 건물 지붕마저 뚫어버릴 위력이 있으므로 분화구와 가까운 곳이라면 건물 안에 있더라도 안전하다고 할 수 없습니다.

화산재는 입자가 작아서 분화가 일어나면 화산 상공에 높이 날아올라 바람을 타고 멀리까지 날아갑니다. 우리나라의 상공에는 편서풍이 불기 때문에 946년 백두산에서 화산이 분화할 때 발생한 화산재가 일본의 홋카이도까지 날아가기도 했습니다. 백두산은 약 2억 년 전 쥐라기에서 신생대 제4기까지 지속되었습니다. 백두산 주변의 용암대지는 신생대 화산 활동 때 분출되어 나온 용암이 식어서 만들어졌습니다. 특히 화산이 많은 일본의 경우에는 일본 열도의 지표를 구성하는 대부분의 토양에 화산에서 날아온 화산재가 섞여 있습니다. 일본의 후지산도 언젠가 분화할 것으로 예상됩니다. 후지산이 분화하면 화산재가 도쿄까지 날아갈 것입니다. 그러면 전자기기에 영향을 주는 등 다양한 문제가 발생하겠지요.

이름에 '재'라는 말이 붙어 있긴 하지만 화산재는 무언가가 타고 남은 재와는 크게 다릅니다. 화산재는 유리나 광물 등 암석을 이루는 입자로, 모나고 뾰족한 형태를 띱니다. 또 대량으로 흡입하면 몸안의 수분을 흡수하여 시멘

▶ 화산 분출물의 종류

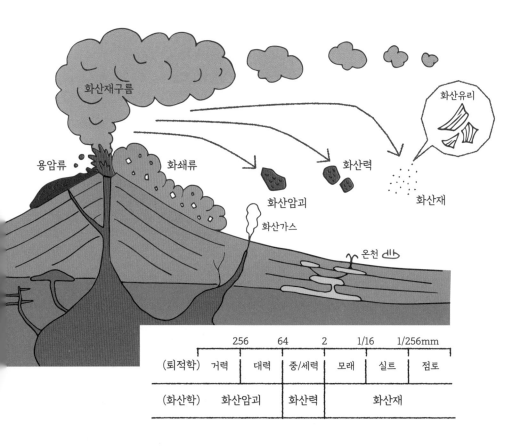

(퇴적학)	256	64	2	1/16	1/256mm	
(퇴적학)	거력	대력	중/세력	모래	실트	점토
(화산학)	화산암괴		화산력	화산재		

트처럼 변하므로 주의해야 합니다.

한편 화산에서 분출되어 지면에 떨어진 물질을 색으로 나누는 분류 방법도 있습니다. 흰색을 띠면 경석이라 부르고, 검정색을 띠면 스코리아(scoria)라고 부릅니다. 예전에는 경석을 발뒤꿈치 각질을 벗기는 용도로 쓰기도 했습니다.

16

화산에서
흘러나오는 것

화산이 분화할 때 화산재, 경석 등이 가스, 공기와 함께 고속으로 땅위를 흐르는 것을 '화쇄류'라고 합니다. 온도는 600~700℃에 달하며 시속 100킬로미터 이상의 빠른 속도로 소규모 지형을 넘어서 나아갑니다. 1991년 6월에는 일본의 운젠다케 산 정상에서 성장한 용암돔이 무너지면서 화쇄류가 발

▶ 칼데라 분화

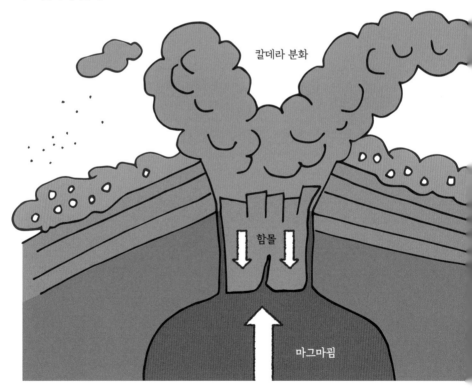

칼데라 분화

함몰

마그마굄

생하여 많은 사람들이 목숨을 잃었습니다.

지층에는 화쇄류 퇴적물이라는 형태로 화쇄류의 기록이 남아 있습니다. 예를 들어 'Aso-4화쇄류 퇴적물'이라고 이름 붙은 지층은 지금부터 약 9만 년 전에 아소화산에서 분화한 것으로, 매우 넓은 범위에 퇴적되었습니다. 그때 칼데라 분화라는 규모가 매우 큰 분화가 일어났기 때문입니다. 화쇄류 퇴적물은 이따금 화쇄류 자체의 열에 의해 고체 부분이 녹고 압축되어 응회암이라는 암석이 되기도 합니다. 경기도 포천의 한탄강 지질공원에 가면 동막리 응회암층을 볼 수 있습니다.

화산이 분화할 때 산 정상부에 빙하와 대량의 눈이 있으면 분화에 의해 그 얼음과 눈이 녹아 물이 됩니다. 화산에서 분출된 화산재와 경석 등이 그 물과 섞여서 이류를 이루어 산체를 쓸려내려가게 합니다. 이른바 '화산 이류'라 불리는 현상입니다. 1985년의 콜롬비아 네바도 델 루이스 화산 분화와 1991년 필리핀의 피타투보 산 분화 때도 화산 이류가 발생했습니다. 이류는 유동성이 커서 매우 넓은 범위에 피해를 입힙니다.

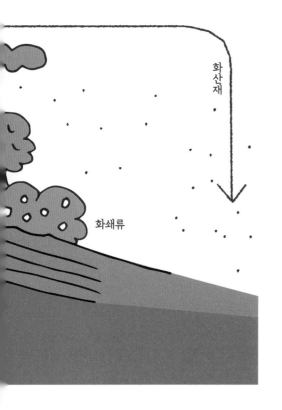

화산재

화쇄류

17

마그마가 지하에서 식어서 굳은 암석(심성암)

마그마가 지하에서 식어서 굳으면 화강암, 섬록암, 반려암과 같은 심성암이 됩니다. 심성암은 녹은 상태에서 서서히 식으면서 만들어지므로 각 광물이 수 밀리미터의 크기로 크고 입자가 고릅니다. 굳기는 단단하고 연마하면 광택이 생깁니다. 포함된 광물의 비율에 따라 종류가 나뉘는데, 석영이 많이 포함되어 흰색을 띠는 것이 화강암입니다. 검정깨 주먹밥처럼 생긴 돌이 바로 화강암입니다.

화강암은 지각을 구성하는 주요 암석으로 전 세계에 널리 분포합니다. 한반도 내 화강암은 주로 쥐라기와 백악기 화강암인 대보 화강암과 불국사 화강암으로 구성되어 있습니다. 쥐라기 화강암은 백악기 화강암보다 상대적으로 깊은 곳에서 마그마가 굳어 형성되었기 때문에 일반적으로 백악기 화강암에 비해 더 조립질입니다. 이들 화강암은 대부분 유백색이지만 홍색을 띠는 알칼리 화강암도 있습니다. 일부 화강암은 지하 깊은 곳에서 구조운동을 받아 엽리가 보이는데, 이를 엽리성 화강암이라 부릅니다. 지하 깊은 곳에서 아주 강한 구조운동을 받는 경우 압쇄암으로 변하기도 합니다.

화강암은 삼방형의 직교하는 절단면이 생기는 성질을 지닙니다. 따라서 자연 상태라도 마치 채석장과 같은 인공적으로 쪼개진 듯한 지형을 이루기도 합니다. 인간은 예부터 이 쪼개지기 쉬운 방향(이를 '돌결'이라고도 합니다)을 이용하여 대형 기계 없이 산에서 화강암을 채취해왔습니다.

색이 흰 화강암과는 달리 검은 빛을 띠는 것이 반려암입니다. 철이나 마그네슘이 포함되어 있기 때문입니다. 그리고 화강암과 반려암의 중간색을 띠는 것이 섬록암입니다.

▶ 화강암의 특징과 분포

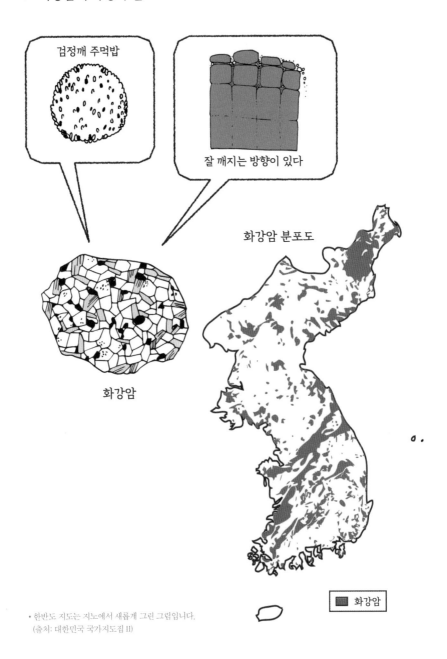

검정깨 주먹밥

잘 깨지는 방향이 있다

화강암 분포도

화강암

■ 화강암

• 한반도 지도는 지도에서 새롭게 그린 그림입니다.
  (출처: 대한민국 국가지도집 II)

18

진흙과 모래가 만드는 암석 (퇴적암)

우리가 사는 지구에서는 강과 바람, 빙하 등을 통해 공기와 물이 끊임없이 흐릅니다. 그 흐름으로 흙이나 모래, 돌멩이가 운반되다가 흐름이 약해지면 육상이나 해저에 퇴적됩니다. 그것들이 서서히 쌓이다 보면 처음에 퇴적된 물질은 그 위에 쌓인 물질의 무게에 짓눌려서 단단해집니다. 콘크리트가 굳는 과정과 마찬가지로 긴 시간에 걸쳐 화학 변화가 진행되면서 단단한 암석이 되어갑니다. 이처럼 퇴적물이 퇴적한 뒤 굳어져 퇴적암으로 변하는 과정을 속성작용이라고 합니다.

자연계에는 다양한 크기의 입자가 존재하는데 퇴적암을 만드는 입자의 크기는 대체로 일정합니다. 이는 공기나 물이 그 흐름 속에서 실려온 입자를 체 치듯 가려내기 때문입니다. 해저에 많이 쌓여 있는 진흙을 예로 들면, 입자가 고운 진흙만이 강물의 흐름에 실려 멀리 떨어진 바다에까지 올 수 있었던 것이지요. 이 해저에 쌓인 진흙이 지하 깊이 침투하여 높은 압력을 받으면 이암이 됩니다.

모래는 속성작용에 의해 사암이 되고 그 암반이 융기하여 산이 됩니다. 그 암반이 부서지면 자갈(역)이 됩니다. 자갈이 강에서 하류로 이동하는 동안 잘게 부서지면 다시 모래가 됩니다. 이것이 또 모이면 사암이 됩니다. 이처럼 물질은 암반이나 자갈, 모래 등 다양하게 형태를 바꾸면서 순환하는 것입니다. 퇴적암은 지구상에서 물질의 순환을 보여주는 하나의 증거입니다. 형성된 당시부터 거의 변화가 없는 달에서는 물질의 이동이 거의 일어나지 않기에 퇴적암이 존재하지 않습니다.

▶ 퇴적암의 형성 과정

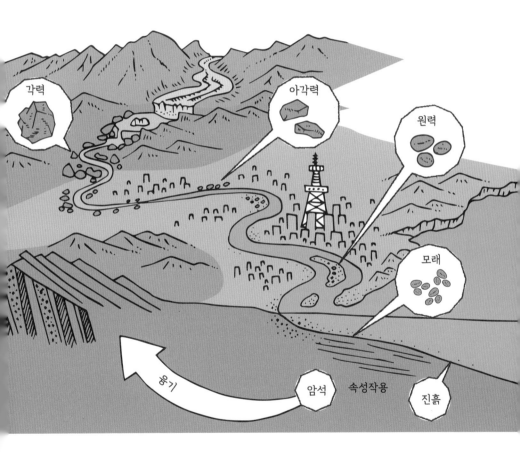

생물이 만드는 암석

지층은 지구 내부의 작용이나 물과 바람의 흐름 외에 생물의 활동으로도 만들어집니다. 생물의 활동을 통해 형성되는 지층 가운데 우리가 가장 흔히 접하는 지층은 바로 시멘트의 재료인 석회암입니다. 석회암은 산호, 푸줄리나, 조개류 등이 모여서 퇴적하여 굳어진 것입니다.

산호는 모여서 산호초를 이룹니다. 산호초를 만드는 산호를 통틀어 조초산호(造礁珊瑚)라고 하는데, 조초산호의 골격은 탄산칼슘으로 이루어져 있습니다. 이 석회껍질이 석회암을 이루는 구성물질 중 하나입니다.

조초산호는 갈충조(산호 체내에서 공생하는 단세포 조류—옮긴이)의 광합성을 통해 에너지를 얻습니다. 스스로 플랑크톤을 포식하기도 합니다. 산호가 살아가기 위해서는 태양광이 필요합니다. 햇빛이 닿는 곳은 얕은 바다이므로 산호초는 육지 주변에서만 발달합니다. 깊은 태평양에서는 해저화산의 분화로 형성된 화산섬에 산호초가 발달합니다. 화산섬의 육상 부분은 침식을 통해 사라지고 산호초만 남은 섬도 있습니다.

석회암의 암체는 잘 침식되지 않으며 그것이 산체나 넓은 대지(주위보다 높은 평지—옮긴이)가 된 경우가 왕왕 있습니다. 그곳 지표에는 요철이 있지만 강은 거의 보이지 않습니다. 석회암 절단면에서 지하로 흘러들어가 이산화탄소를 포함하는 빗물은 석회암을 녹입니다. 그렇게 물의 흐름은 절단면을 넓히고 석회동굴을 만듭니다. 탄산칼슘은 녹기도 하지만 다시 결정화하여 종유석, 석순과 같은 특징적 지형을 만듭니다. 지상은 여기저기 구멍이 난 완만한 지형이 됩니다. 이러한 특징을 지닌 지형을 카르스트 지형이라고 부릅니다. 천연기념물로 지정된 충청북도 단양군의 고수동굴, 강원도 영월군의 고씨굴 등이 유명합니다. 전 세계적으로는 중국의 구이린(桂林) 등이 유명하여 수많은 사람들이 찾는 관광명소가 되었습니다.

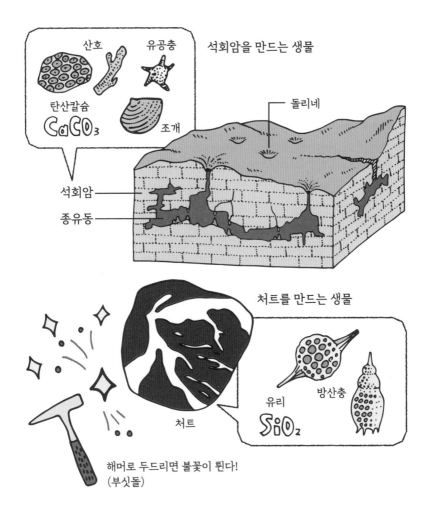

석회암을 만드는 생물

산호　유공충

탄산칼슘 CaCO₃

조개

돌리네

석회암

종유동

처트를 만드는 생물

유리 SiO₂

방산충

처트

해머로 두드리면 불꽃이 튄다!
(부싯돌)

　부싯돌로 쓰이는 처트도 생물 기원의 암석입니다. 처트는 방산충이라는 유리껍질(실리카)을 지닌 플랑크톤의 유해가 모여 굳어진 것입니다. 무척 단단한 암석이라 좀처럼 부서지지 않기에 모가 나 있습니다.

강한 압력과 높은 온도로 성질이 변한 암석

퇴적암이나 화산암이 대지의 활동을 통해 지구 내부의 고온이나 고압 등에 영향을 받으면 다른 암석으로 변합니다. 이를 변성암이라고 합니다. 변했다고 해도 원래 암석의 구조 등이 남아 있으므로 원래 암석의 종류와 변성의 종류 및 정도에 따라 분류합니다.

변성암은 성질이 변하면서 겉모습이 아름다워지기 때문에 석재 등에 자주 쓰입니다. 예를 들어 호텔 로비의 벽면 등에 사용되는 대리석은 석회암이 열에 의해 변성작용을 받아 재결정된 것입니다. 마찬가지로 혼펠스(horn-fels)도 열에 의해 변성된 암석입니다. '혼(horn)'이란 독일어로 뿔을 가리킵니다. 단단해서 충격을 주면 뿔처럼 쪼개져서 붙은 이름이지요. 원래는 이암 또는 사암입니다. 대리석도 혼펠스도 모두 매우 단단한 암석입니다.

압력도 암석의 성질을 변화시키는 요인 중 하나입니다. 이때 일정한 방향으로 힘을 받기 때문에 암석 또한 일정한 방향성을 지니게 됩니다. 예를 들어 이암은 압력을 받으면 점판암(슬레이트), 천매암, 결정편암, 편마암으로 변합니다. 같은 방향으로 쪼개지기 쉬운 구조를 이루는데 이 쪼개짐면을 '편리'라고 합니다. 점판암은 이 구조를 이용해 얇게 쪼개지기 때문에 지붕 기왓장으로 쓰였습니다. 또한 벼루의 원료로도 널리 사용되었습니다.

변성암의 친척으로 사문암이라는 암석이 있습니다. 녹색을 띠며 표면의 모양이 뱀피처럼 보여 사문암이라고 부릅니다. 그리 널리 분포하지 않지만 풍화하기 쉽고 사태 등을 자주 발생시키는 암석으로도 유명합니다. 마그네슘과 크롬, 니켈을 포함하고 있기에 일반적인 식생이 자라기 어려워 사문암 주변에는 특징적인 식물들이 군락을 이룹니다.

▶ 열과 압력을 받은 변성암

열에 의한 재결정

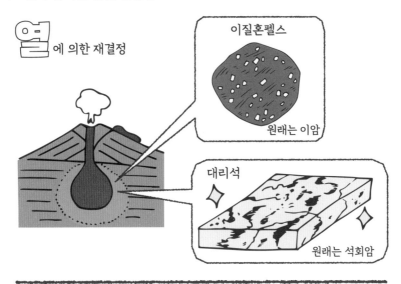

이질혼펠스

원래는 이암

대리석

원래는 석회암

압력에 의한 재결정

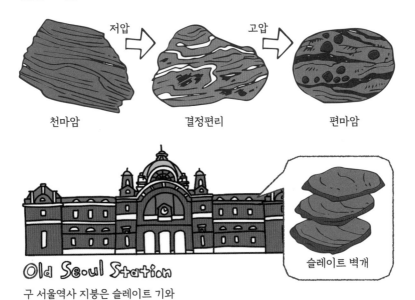

저압

고압

천마암

결정편리

편마암

Old Seoul Station

구 서울역사 지붕은 슬레이트 기와

슬레이트 벽개

• 지노에서 새롭게 그린 그림입니다.

21

어긋나는 지층·
휘어지는 지층

더러 지층이 어긋나 있는 경우가 있습니다. 지층이 어긋나는 현상과 지질구조를 '단층'이라고 부릅니다. 3차원적으로 생각하면 어긋난 곳은 면을 이룹니다. 그 면을 '단층면'이라고 부르지요.

단층은 그 장소의 지질이 일정한 방향에서 힘을 받아 끊어져 어긋날 때 형성됩니다. 그 힘은 '미는 힘' 아니면 '당기는 힘'입니다. 밀어서 생긴 지층은 지층을 경계로 하여 상대편에 올라타듯 움직입니다. 이러한 단층을 '역단층'이라고 합니다. 당겨져서 생긴 단층은 단층면을 경계로 지층이 미끄러지듯 움직입니다. 이러한 단층을 '정단층'이라고 합니다. 단층면을 경계로 상반(단층면의 위쪽에 있는 지층)이 미끄러져 내려간 단층을 정단층(正斷層, normal fault)이라고 부르는 것은 그 영어 이름의 'normal(보통의, 평범한)'이라는 단어에서 알 수 있듯이, 전 세계에서 맨 처음 지층을 자세히 조사한 영국에 이러한 형태의 단층이 많았기 때문이라고 합니다. 이렇게 생긴 단층 외에도 단층이 옆으로 어긋난 '횡단층'도 있습니다. 대부분 단층은 정단층이나 역단층의 움직임과 함께 옆으로 밀려나기도 합니다. 단층이 움직일 때 지반이 크게 진동하는데 바로 그것이 '지진'입니다. 단층은 곧 지층의 화석이라 할 수 있겠지요.

힘을 받아서 휘어지는 지층도 있습니다. 크게 물결치듯 휘어진 지질과 그 현상을 '습곡'이라고 합니다. 습곡은 비교적 무른 지층에서 발생합니다.

단층과 습곡은 지층이 지하에 있을 때 힘을 받아 형성되는데, 현재 지형 상태의 영향을 받아서 지층이 변하기도 합니다. 산지의 사면에서는 사면하부가 침식되는 등 불안정한 상태가 되면 암반에 변형이 일어납니다. 암반이 서서히 움직여서 '암반포행(mass rock creep)'이라고도 불립니다. 지층의 층리나 편리같이 쪼개지기 쉬운 방향으로 쪼개지는 면이 들어가 변형되기 때문에 지층이 경사면의 아래쪽으로 무릎을 꿇는 듯한 구조가 생겨납니다.

▶ 단층과 습곡

Fault 단층

주향단층

어긋남

역단층

정단층

미는 힘

당기는 힘

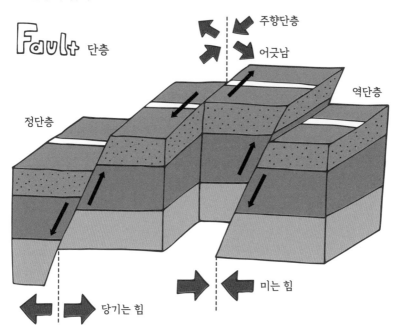

Fold 습곡

힘이 가해짐

누른다~

누른다멍!

22

지층의 색과 모양

지층의 색과 모양은 다양합니다. 이를 통해 해당 지층이 생겨날 때 어떤 영향을 받았는지 등을 알 수 있습니다.

지표면을 뒤덮고 있는 흙은 검은색입니다. 이는 식물이 분해된 유기물이 많이 포함되어 있기 때문입니다. 습지에 생기는 이암은 식물의 유해가 집적되어 색이 새까맣습니다.

유기물이 적고 그 지역의 지질이나 환경의 영향을 받는 흙은 다양한 색을 띱니다. 철을 많이 포함한 흙은 철이 산화하여(녹슬어서) 붉은색을 띱니다. 우리나라 최대의 곡창지대인 김제평야는 황토라고 불리는 적색토로 되어 있습니다. 황토 석영, 알루미나, 석회, 산화마그네슘과 산화철 등으로 구성되어 있지요. 열대 지역에서는 붉은색 흙(라테라이트)이 널리 분포하는데 이 흙이 붉은 이유도 철분이 산화했기 때문입니다. 이렇듯 산화하여 붉어진 흙은 비교적 산화가 적은 환원 상태에서는 청록색을 띱니다.

돌도 종류에 따라 색이 달라집니다. 붉은색을 띤 돌 가운데 잘 알려진 것은 처트입니다. 처트가 붉은색을 띠는 이유도 이 속에 포함된 철이 산화했기 때문입니다. 붉은색뿐 아니라 흰색을 띠는 처트도 있습니다. 이는 석영이 많이 포함되어 있기 때문입니다.

정원석으로 쓰이는 청석이라는 돌이 있습니다. 이는 청록색을 띠는 결정편암으로, 이 돌의 색은 암석에 포함된 녹니석이라는 광물의 영향입니다. 녹니석은 땅속에서 높은 압력을 받아 생기는 것이므로, 청석이 그러한 변성작용(저온 고압형 변성)을 받았다는 사실도 알 수 있습니다.

지층의 외관을 특정짓는 것에는 색 외에도 모양이 있습니다. 지층을 봤을 때 가장 눈에 띄는 것은 지층과 지층의 경계인 '층리'입니다. 또한 지층 속에 들어 있는 크고 작은 다양한 절단면은 '절리'라고 부릅니다. 나아가 편암 등

▶ 암석의 색을 결정하는 것은?

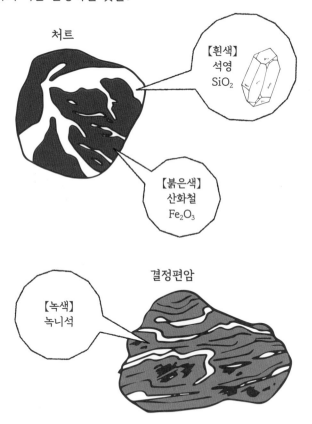

처트

【흰색】
석영
SiO_2

【붉은색】
산화철
Fe_2O_3

결정편암

【녹색】
녹니석

처럼 한 방향으로 떨어져나가기 쉬운 암석은 '편리'라는 구조를 지닙니다. 퇴적물이 쌓이거나 그것이 변형되어 생겨난 암석은 한 번의 퇴적 과정을 나타내는 '엽리'라는 구조를 보입니다.

23

닳고 닳는 암석

단단한 암석이라도 시간이 흐르면 점점 닳습니다. 이러한 현상을 '풍화'라고 합니다. 풍화는 표면이 젖거나, 마르거나, 뜨거워지고 식는 것을 반복하거나, 화학적 변화가 일어나거나, 생물의 영향을 받음으로써 일어납니다. 풍화에 의해 겉모습이 내부와는 완전히 달라지는 암석들이 있습니다. 그래서 지층을 관찰할 때는 표면의 풍화한 부분을 제외해야만 암석의 종류를 정확히 파악할 수 있습니다.

화강암은 단단한 암석인데, 풍화하면 '마사(摩沙)'라고 불리는 모래가 됩니다. 원래 화강암에는 가로와 세로로 직교하는 절단면이 있기 때문에 그곳을 통해 물이 스며들어 풍화가 진행됩니다. 그곳에서 점점 풍화하는 부분이 넓어지면 절단면에 낀 부분은 둥근 바위로 남게 됩니다. 오랜 시간을 거쳐 마사 부분이 침식되면 둥근 돌만이 산 위에 남겨지는 것이죠.

해안에서는 풍화에 의해 벌집 모양의 작은 지형이 만들어지기도 합니다. 이른바 '타포니(tafoni)'라고 불리는 것입니다. 타포니는 바닷물에 의한 풍화로 생성됩니다. 해안선 가까운 곳의 암반에는 파도 등으로 흩뿌려진 바닷물이 스며들어 있습니다. 그 해수가 건조될 때 해수에 포함된 염류가 결정을 이루고, 이 결정이 자랄 때 암반 표면을 파괴하며 웅덩이를 만듭니다. 움푹 팬 곳일수록 바닷물이 쉽게 스며들기 때문에 풍화는 더욱 진행되고 벌집 모양이 되어가는 것입니다.

암반의 절단면에 식물이 뿌리를 내려서 뻗어나가는 것은 생물에 의한 풍화입니다. 식물이 성장함에 따라 바위의 절단면이 더욱 벌어져 쪼개지는 것입니다.

▶ **풍화로 겉모습이 변하는 암석**

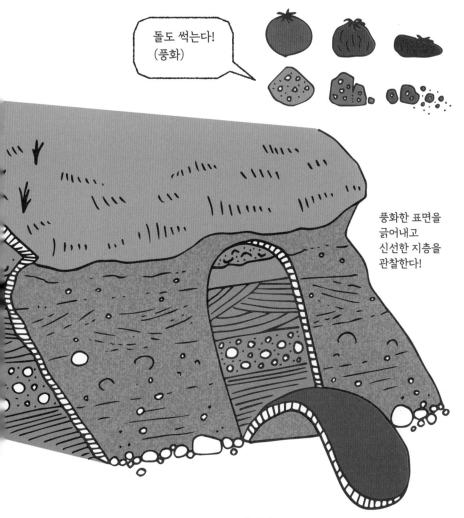

한반도의 광물 자원

한반도에 분포하는 주요 광물 자원은 금속, 비금속, 사광상, 화석연료, 핵연료, 건축용 석재·골재 자원으로 구분할 수 있습니다. 금속 광물 자원은 금, 은, 동, 납, 아연, 철, 망간, 중석, 휘수연석, 주석, 창연, 휘안석 및 희토류 등이며, 비금속 광물 자원으로는 석회석, 백운석, 규석, 규사, 장석, 사문석, 고령토, 흑연, 활석, 납석, 규조토, 석면, 형석, 운모, 견운모 및 홍주석 등이 있습니다. 사광상 자원은 사금, 모나자이트, 저어콘, 티탄철석, 자철석, 석류석 등이고, 화석 및 핵연료 자원으로 무연탄과 갈탄 및 우라늄 광물이 산출됩니다. 석골재 자원으로 화강암, 대리암, 셰일, 사암 및 골재가 있습니다.

한국의 금속 광물 자원 매장량

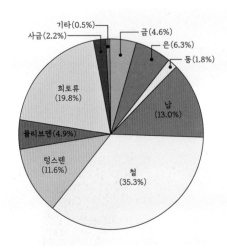

금속 광종	매장량(천 톤)
금(au)	6,075.8
은(Ag)	8,228.3
동(Cu)	2,307.4
납(Pb)	17,043.0
철(Fe)	46,428.3
텅스텐(WO$_3$)	15,287.9
몰리브덴(MoS$_2$)	6,475.0
희토류(R$_2$O$_3$)	25,972.0
사금(Au)	2,857.2
기타	818.0
계	128,635.5

• 지노에서 새롭게 그린 그림입니다.
(출처: 한국광물자원공사, 2014)

4장

화석과
지질의 시대

지층에 남은 생물의 흔적

지층에 남겨진 생물의 흔적이 바로 '화석'입니다. 화석은 뼈나 조개껍데기와 같은 생물 몸의 전부나 일부가 지층에 남겨진 것입니다. 지구의 역사는 이러한 화석에 의해 밝혀져왔습니다.

뼈나 조개껍데기, 식물의 유해 등 생물의 몸이 그대로 남거나 광물로 치환되어 남아 있는 화석이 있습니다. 이를 '체화석(體化石)'이라고 합니다. 생물의 유해는 남지 않고 그 형태가 도장이 찍힌 듯 지층에 남겨진 화석도 있습니다. 이들은 '인상화석(印象化石)'이라고 합니다. 체화석과 인상화석을 합쳐서 '유체화석(遺體化石)'이라고 부릅니다.

지구상 모든 생물이 유체화석이 되는 것은 아닙니다. 또 화석이 있다고 해도 그것들은 생물에 대한 단편적인 정보밖에는 알려주지 않습니다. 뼈나 조개껍데기는 비교적 쉽게 남지만 살점은 남지 않습니다. 연체동물 등은 운 좋게 인상화석으로서 남지 않는 한, 화석으로서는 남기 어렵습니다. 뼈가 남겨졌다고 해도 생물이 죽은 후 원래 있던 곳에서 쓸려내려가는 경우가 왕왕 있어서 어떤 골격이었는지, 어디서 생활했는지 등을 쉽게 알 수 없고 복원하기도 쉽지 않습니다.

유체화석 외에도 생물의 집, 발자국, 배설물 등이 지층에 남겨져 만들어진 '생흔화석(生痕化石)'이 있습니다. 화석에 남겨진 생물의 생활 흔적을 통해 그 생물이 어떻게 살았는지를 살펴볼 수 있습니다. 예를 들어 생물의 집 형태를 현재 생물의 집 형태와 비교함으로써 집을 어떻게 파는지를 추정할 수 있습니다. 배설물 화석에서는 화석으로 남지 않는 내장의 모습을, 발자국 화석으로는 몸의 균형 등을 추정할 수 있습니다. 이렇게 지층에 남겨진 생물의 다양한 흔적들을 분석하고 종합적으로 생각해서 과거 생물의 삶을 복원합니다.

▶ 화석으로 남는 것

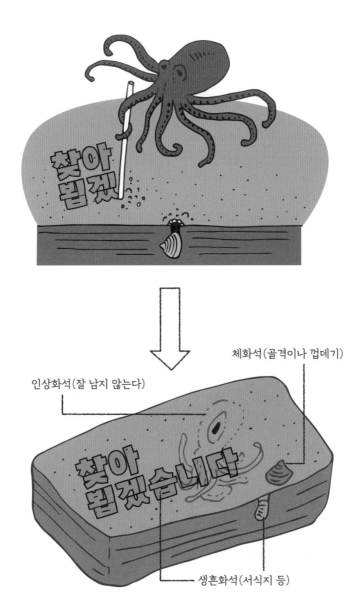

인상화석(잘 남지 않는다)

체화석(골격이나 껍데기)

생흔화석(서식지 등)

화석을 통해 알 수 있는 것

지층이 만들어질 때는 지금 있는 지층 위에 새로운 지층이 퇴적하므로 아래에서 위를 향할수록 지층은 새것입니다. 이 지층을 보는 기본적 사고방식을 '지층누중의 법칙'이라고 합니다. 지층누중의 법칙은 1600년대에 덴마크의 니콜라스 스테노에 의해 발견됩니다. 그 후 1700년대 말에 윌리엄 스미스에 의해 확립되어 '스테노·스미스의 법칙'이라고도 불립니다. 현대처럼 다양한 방법으로 지층의 연대를 조사할 수 없었던 시대에는 화석이 중요한 정보원이었습니다. 지층에서 산출되는 화석을 비교하여 더욱 복잡한 형태를 띠는 쪽이 진화했다고 할 수 있습니다. 즉 시대적으로 현재에 가깝다는 말이지요.

화석은 이러한 지층의 순서를 정할 뿐 아니라 다양한 지층의 성립에 관한 정보를 제공합니다. 어떤 지층에 포함된 화석이 다른 지층에서는 산출되지 않는다는 사실을 알면 서로 멀리 떨어진 장소의 지층을 비교할 수 있습

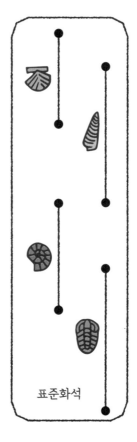

표준화석

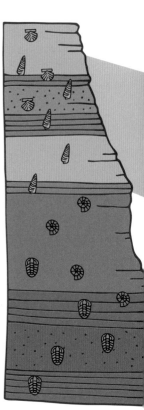

니다. 이렇듯 특정 시기에만 살아 발견된 층을 구별하고 층의 나이를 알려주어 지층의 기준이 되는 화석을 '표준화석'이라고 부릅니다. 예를 들어 고생대의 삼엽충이나 갑주어, 중생대의 암모나이트나 공룡, 신생대의 화폐석과 매머드 등이 표준화석입니다.

　화석을 이용하면 그곳이 어떠한 환경이었는지도 조사할 수가 있습니다. 얕은 바다에 사는 조개가 화석으로 발견되면 그 지층이 얕은 바다에서 퇴적된 것임을 알 수 있고, 따뜻한 지역에 사는 동물의 화석이 발견되면 그 지층의 퇴적 당시에 기온이 따뜻했음을 추정할 수 있습니다. 이처럼 과거의 환경을 나타내는 화석을 '시상화석'이라고 부릅니다. 이렇게 지질학 연구는 화석을 통해 비약적으로 발전했습니다.

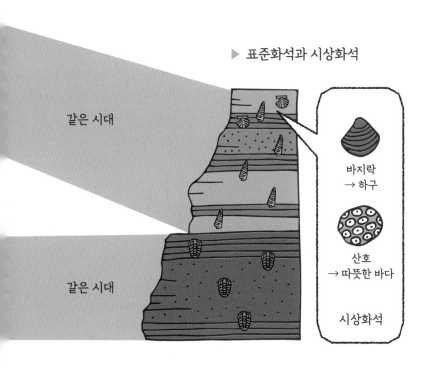

▶ 표준화석과 시상화석

26

멸종한 생물의 복원

연구자는 지층에서 발굴한 화석을 이용하여 과거 어떤 생물이 살았는지를 복원하는데, 멸종해버린 생물은 복원하기가 매우 어렵습니다.

지구상에 대형 생물이 탄생한 캄브리아기의 생물 중에 아노말로카리스라는 동물이 있습니다. 몸집이 거대한 동물로 캄브리아기에는 번성했으나 그 자손은 살아남지 못했습니다. 따라서 화석을 통해 형태를 복원하는 일이 쉽지 않았습니다. 처음에는 아노말로카리스 화석을 새우 꼬리라고 생각했습니다. 그러나 머리 등이 주변에서 발견되지 않았기에 '이상한 새우'를 뜻하는 '아노말로카리스'라는 학명을 붙였습니다. 한편 아노말로카리스의 입이 발견되었을 때 학자들은 또 다른 생물, 즉 해파리 화석이라고 생각했습니다. 그러나 해파리 한가운데 구멍이 나 있었기에 기묘한 형태를 띤 해파리라는 뜻의 '페이토이아'라는 이름을 붙였습니다. 그리고 몸통 화석은 해삼의 일종이라고 여겼습니다. 그러나 해삼 몸통에 지느러미 등이 달려 있었기에 역시 묘한 형태라고 생각하며 '라가니아'라는 이름을 붙였습니다.

그 후 발굴을 통해 기묘한 새우와 한가운데 구멍이 뚫린 해파리, 그리고 지느러미가 달린 해삼이 모두 이어진 화석이 발견되면서, 각기 다른 생물이라고 생각했던 것이 하나의 생물이라는 사실을 비로소 알게 되었습니다. 새우는 촉수, 해파리는 입, 해삼은 몸통이었던 것입니다. 그 후 이 생물에 새로이 '아노말로카리스(Anomalocaris)'라는 이름이 붙여졌습니다.

이 생물에 관해서는 아직도 연구가 진행 중입니다. 처음에는 바닷속을 헤엄쳤던 생물로 생각했으나 해저를 기어다니며 살았다는 설도 나왔습니다.

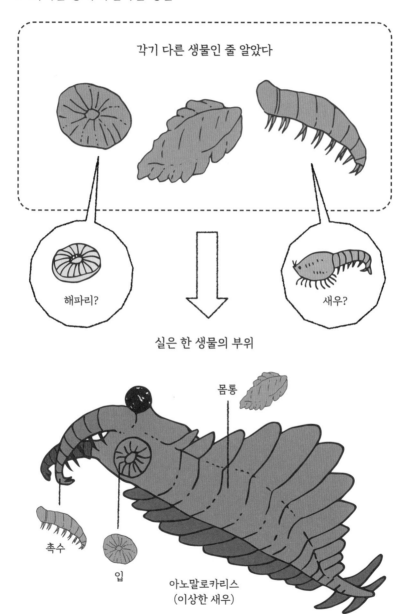

▶ 화석을 통해 복원하는 생물

각기 다른 생물인 줄 알았다

해파리?

새우?

실은 한 생물의 부위

몸통

촉수

입

아노말로카리스
(이상한 새우)

27

미화석의 세계

지층의 상하관계를 조사하거나 멀리 떨어진 곳의 지층을 비교할 때 화석은 무척 유용합니다. 지층 연구와 화석 연구는 이인삼각으로 이루어졌다고 할 수 있습니다. 그러나 화석에도 약점이 있습니다. 당연한 말이지만 화석이 나오지 않은 퇴적암에서는 화석을 이용할 수 없습니다. 또한 화석 산출이 그다지 좋지 않으면 복잡한 지층 구조를 파악하기에는 정보가 부족하기도 합니다.

예를 들어 이웃나라 일본에는 부가체(附加體)라고 불리는 지층이 널리 분포되어 있는데, 이 지층의 연대는 현재 추정되는 연대와 과거 추정되었던 연대가 크게 달랐습니다. 예전에는 현미경으로 관찰할 수 있는 석회암에 포함된 푸줄리나의 화석을 이용하여 암석의 연대를 추정했습니다. 석회암 외에도 처트나 이암 지층이 분포했지만 그곳에서는 눈으로 확인되는 지층이 발견되지 않았기에 그러한 암석을 분석하지 않았습니다.

그 후 단단한 암석인 처트에서 유리 골격을 지니는 방산충의 미화석(육안으로 볼 수 없는 작은 화석)을 추출하는 방법이 확립되었습니다. 전자현미경을 사용하면서 매우 작은 방산충 화석(50~100㎛, 1㎜의 10분의 1에서 20분의 1)을 관찰할 수 있게 된 것입니다. 이 방산충을 조사하면서 지층의 연대가 푸줄리나 화석을 통해 추정한 연대보다도 훨씬 짧다는 사실을 알아냈습니다. 석회암 암석은 오래전 시대의 암석 블록이 새로운 암석에 파고든 것으로, 지층이 생성된 시대를 추정하기에는 적합하지 않았습니다. 이러한 방산충 연구를 통해 지층의 연대 측정이 크게 변화했기에 이 연구의 진전을 '방산충 혁명'이라 부르기도 합니다.

▶ 방산충의 형태 변화

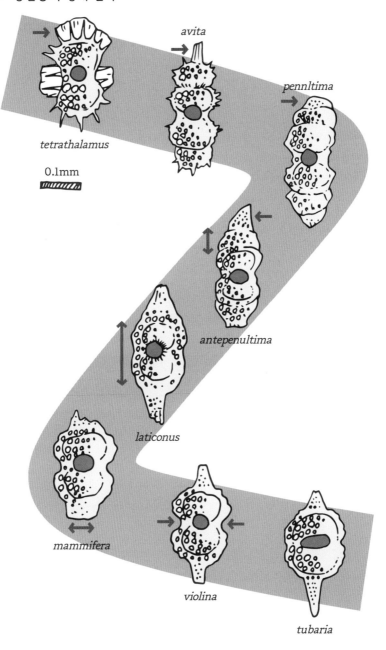

avita

pennltima

tetrathalamus

0.1mm

antepenultima

laticonus

mammifera

violina

tubaria

071

28

지층에 남겨진
지구의 자기장

방위를 알아보는 방법에는 여러 가지가 있습니다. 그중 하나는 그때의 시간과 태양의 위치를 통해 추정하는 방법입니다. 밤이라면 북극성을 찾는 방법도 있겠지요. 가장 간단한 것으로 나침반을 사용하는 방법도 있습니다. 나침반 바늘은 항상 북쪽을 가리키니까요.

나침반이 북쪽을 가리키는 이유는 지구가 커다란 자석이기 때문입니다. 우리가 가진 나침반의 N극이 지구라는 커다란 자석의 S극에 이끌리는 것입니다.

지구가 자석 같은 성질을 지니는 이유를 두고 지구가 발전기 같은 상태이기 때문이라는 이론이 있습니다. 이른바 다이너모이론(Dynamo theory)입니다. 지구 중심에는 철이나 니켈로 이루어진 핵이 있고 그것이 자전의 영향을 받아 대류합니다. 그곳에서 전류가 발생하여 다이너모(발전기)와 같은 상태가 되어 자기장을 형성하는 것으로 보고 있습니다.

자석의 작용을 '자기(磁氣)'라고 하며 지구라는 자석의 작용을 '지자기(地磁氣)'라고 합니다. 지자기는 지구의 긴 역사 속에서 계속 작용해왔습니다. 지자기는 어느 정도 시간이 지나면 N극과 S극이 바뀌는 특징을 지니는데, 이 변환은 수만 년에서 수십만 년의 간격을 두고 일어납니다. 이러한 과거의 지자기 기록을 화산암을 통해 살펴볼 수 있습니다. 마그마가 지상으로 나오면 그 속에 포함되는 자성을 지니는 광물이 그때의 지자기 영향을 받아 각각이 나침반처럼 같은 방향으로 정렬됩니다. 이때 암석이 굳어지므로 화산암은 그것이 식어서 굳어질 때 지구의 자기를 기록하는 것입니다. 해저화산처럼 연속적으로 화산암이 만들어지는 곳에서 화산암의 지층을 연속해서 조사하면 지자기가 수만 년에서 수십만 년 주기로 바뀌다는 사실을 알 수 있습니다.

▶ 암석에 기록된 지구의 자기장

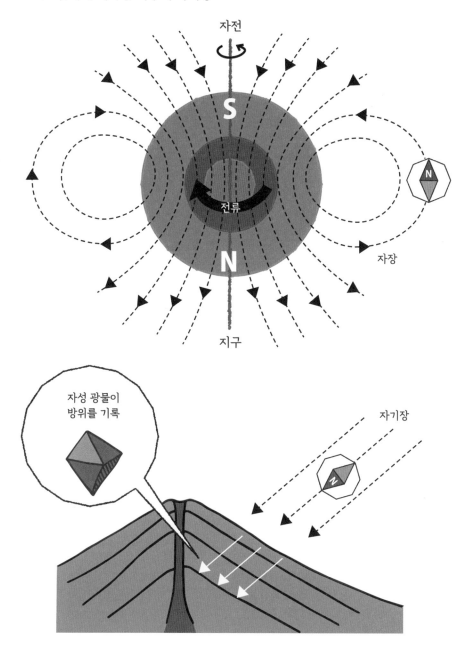

지층으로 알 수 있는 과거의 환경

지층에는 다양한 정보가 기록으로서 남겨져 있습니다. 따라서 지층을 해석하면 과거의 자연환경을 이해할 수 있습니다. 지층에 화산재가 있으면 당시 화산 분화가 있었다는 사실을, 지층이 어긋난 단층이 있으면 지진이 일어났다는 사실을 짐작할 수 있습니다.

지층을 통해 과거의 기온 변화를 추정할 수도 있습니다. 이는 기온 변화와 연동하여 빙하나 빙상이 커지거나 줄어드는 현상을 이용합니다.

육상의 빙하·빙상의 기원은 눈입니다. 극지방이나 산악지대에 내린 눈이 해를 넘겨 얼음이 되어 유동함으로써 빙하가 됩니다. 이 눈의 기원은 구름이며 이 구름의 기원은 바다에서 증발한 수증기입니다. 이 수증기인 물은 수소와 산소가 결합한 것입니다. 이 산소 중에는 극히 일부지만 동위원소라고 부르는, 원자량이 적은 산소가 존재합니다. 바닷물에서 증발하기 쉬운 것은 원자량이 적은 산소가 결합한 가벼운 물입니다. 빙하가 확대하는 한랭한 시기에는 이 가벼운 물이 빙하로서 육상에 쌓여서 바닷물에는 무거운 물이 남습니다.

한편 빙하가 녹는 온난한 시기에는 육상의 물이 줄어서 가벼운 물이 바다로 흘러들기 때문에 한랭한 시기에 비하면 무거운 물의 비율이 줄어듭니다. 이러한 변화는 그때 바닷물 속에 사는 유공충이라는 플랑크톤의 껍질에 기록되어 있습니다. 유공충은 죽으면 해저에 축적됩니다. 해저 지층에 축적된 유공충의 껍질을 연속적으로 채취하여 그것에 포함된 무거운 산소와 가벼운 산소의 비율을 조사하면 시대에 따라 그 값이 변화합니다. 이 비율 변화를 과거의 기온 변화로 생각할 수 있습니다.

▶ 산소 동위원소 비율로 알 수 있는 기온 변화

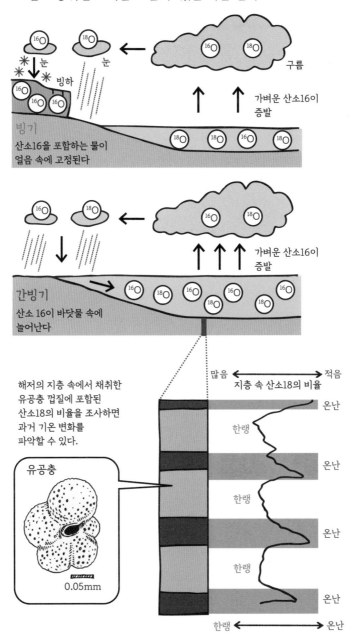

빙기
산소 16을 포함하는 물이 얼음 속에 고정된다

가벼운 산소16이 증발

간빙기
산소 16이 바닷물 속에 늘어난다

가벼운 산소16이 증발

해저의 지층 속에서 채취한 유공충 껍질에 포함된 산소18의 비율을 조사하면 과거 기온 변화를 파악할 수 있다.

유공충

0.05mm

많음 ◀━━━━▶ 적음
지층 속 산소18의 비율

온난
한랭
온난
한랭
온난
한랭
온난

한랭 ◀━━━━▶ 온난

지층의 경계와 연대

우리는 시계나 달력을 이용해서 시간이나 날짜, 주, 월, 연을 구분지어 생활합니다. 또한 우리나라 역사를 이해할 때는 삼국시대, 고려시대, 조선시대 등 시대별로 이름을 붙여서 정리합니다. 마찬가지로 지구의 역사에도 이름이 붙습니다. 지구의 역사를 구분할 때 사용되는 것이 지층입니다. 지층에는 화석 외에도 빙하의 확대 및 축소와 같은 기후 변화나 그때의 대기나 해수의 상태를 나타내는 정보, 지자기 정보 등이 포함되어 있습니다. 이들을 분석하여 지층의 경계를 정하고 각각의 시대를 정했습니다.

따라서 지구의 역사인 지질연대를 나타내는 말과 지층의 명칭은 서로 짝을 이룹니다. 예를 들어 큰 시대 구분인 고생대, 중생대, 신생대라는 분류가 있는데 각 시대에 퇴적된 지층은 고생계, 중생계, 신생계라고 불립니다. 이 대(代)를 나누는 구분은 기(紀)입니다. 기에 대응하는 지층은 계(界)라고 불립니다. 제4기의 퇴적된 지층은 제4계로 불립니다. 또한 기를 나누는 구분은 세(世)에 있습니다. 세에 대응하는 지층은 통(統)입니다.

지층은 지구의 환경 변화를 기록하므로 전 세계에서 함께 비교할 수 있습니다. 전 세계의 연구자가 협력해서 연구하고 정보를 모아 지층의 경계를 정하고 지구 전체의 연대표를 작성합니다. 물론 과학적 정보에 기초하여 판단되지만, 그것을 판단하는 것은 인간이므로 지질시대의 경계는 절대적인 것이 아니라 그 당시 연구자의 판단에 따라 변할 수 있습니다.

지금부터 77만 년 전 지질시대의 경계(지층의 경계)에 관해서는 2020년 1월 부산에서 열린 국제지질과학연합(IUGS) 이사회에서는 77만 년 전부터 12만 6000년 전까지 지질학적 시대를 'Chibanian(치바니안)'으로 부르기로 결정했습니다. 지층의 이름은 지금까지 유럽의 지명이 사용되는 일이 많았는데, 아시아의 지명이 등록된 것은 축하할 일입니다.

▶ 다양한 기록으로 결정되는 지층 경계

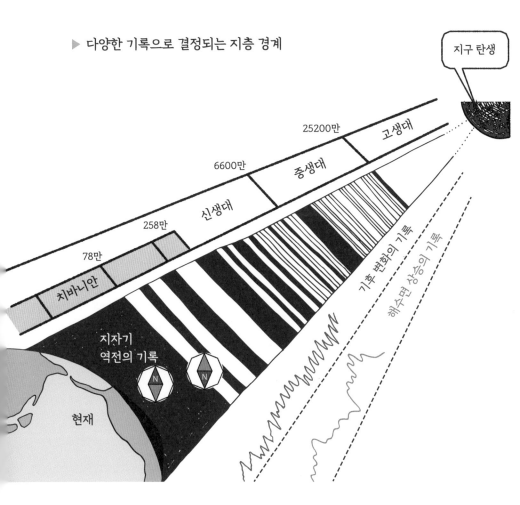

31

지층에서 구분되는 지구의 역사

지구의 역사를 보면 과거 다양한 생물들이 번성했고 또 멸종했습니다. 그 기록은 화석으로 지층에 고스란히 남아 있습니다. 따라서 지구의 역사는 어떤 화석이 나오느냐로 구분할 수 있습니다. 이렇게 구분된 시대를 '지질시대'라고 부릅니다. 지질시대의 구분에 따라 지층의 이름도 붙였습니다.

화석을 통해 알게 된 지구의 역사는 크게 세 시대로 나뉩니다. 고대 생물이 있던 고생대, 중생대, 그리고 현재를 포함하는 신생대입니다.

고생대에는 다양한 생물이 발생하여 어류나 식물, 곤충, 양서류 등이 번성합니다. 캄브리아기, 오르도비스기, 실루리아기, 데본기, 석탄기, 페름기로 구분됩니다. 모든 시대에 '기(紀)'라는 이름이 붙어 있는데 이는 '대(代)'보다 작은 구분입니다. 석탄기는 세계 각지에서 산출되는 석탄이 형성된 시대입니다. 그 외 이름은 지층이 발견된 장소의 지명이 붙었습니다.

중생대는 공룡의 시대입니다. 트라이아스기, 쥐라기, 백악기로 구분됩니다. 트라이아스기는 그 시대 지층이 3층 구조로 되어 있어서 붙은 이름입니다. 백악기라는 이름은 프랑스에서 볼 수 있는 흰색의 미고결 석회암 지층에서 유래했습니다. '쥐라'는 지명입니다.

신생대는 공룡이 멸종하고 포유류가 번성한 시대입니다. 고제3기, 신제3기와 제4기로 구분됩니다. 제3기, 제4기라는 이름은 지층의 이름을 붙이기 시작했을 때 지층을 크게 제1기, 제2기, 제3기로 나눴을 때의 영향입니다. 제1기와 제2기는 다시 구분되어 더욱 세분화되었기에 이름이 남아 있지 않지만, 제3기는 현재까지 남아 있습니다. 이 제3기도 국제적으로는 수정되었습니다.

고생대 전은 화석으로서 생물이 남아 있지 않으므로, 이러한 화석에 의한 구분은 불가능합니다. 고생대 최초인 캄브리아기 전이기에 선캄브리아시대라고 부릅니다.

지구의 역사는 46억 년으로 추정되는데 화석이 남아 있는 고생대는 5억 4000만 년 전에 시작됩니다. 지구의 역사는 생물이 탄생하기까지가 약 40억 년, 탄생한 후 약 5억 년으로 생물이 거의 없는 시대가 압도적으로 길었습니다.

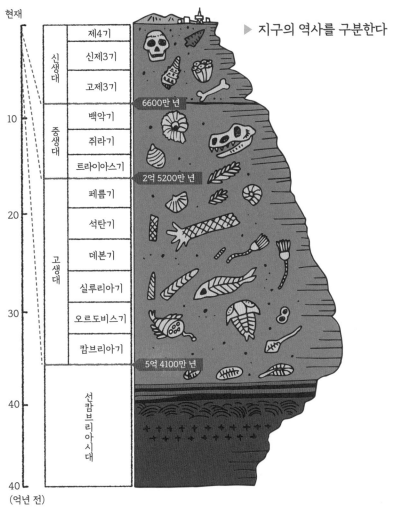

▶ 지구의 역사를 구분한다

지층에 이름 붙이는 법

동물이나 식물의 종에 이름이 붙는 것과 마찬가지로 지층에도 이름이 붙어 있습니다. 그러나 각 지층이 지니는 정보는 단편적이고 모든 지층의 근원을 알 수 있는 것은 아닙니다. 더욱이 동식물처럼 개체가 확실히 나뉘는 것도 아니므로 모든 지층에 이름을 붙이기는 어렵습니다.

정보가 거의 없을 때는 그것을 이루는 물질명으로 부릅니다. 이미 연대를 알고 있는 지층과의 전후 관계나 각종 연대 측정 방법을 이용하여 지층의 시대를 파악하면, 그 지층이 생성된 시대의 이름을 이용하여 부릅니다. 지질을 자세히 조사하여 비슷한 성질을 지닌 지층이 어디에 분포되어 있는지가 명확해지면 처음에 연구된 장소의 지명으로 부릅니다.

예를 들어 백악기의 쇄설성 퇴적암, 화산쇄설암, 화산암으로 이루어진 퇴적층인 경상누층군은 한반도 곳곳에 10여 개의 크고 작은 퇴적분지에 분포합니다. 이 퇴적분지 가운데 가장 큰 것이 경상도 지방에 자리 잡았던 경상분지였고, 그 밖의 지역에서는 소규모의 퇴적분지로 분포합니다. 참고로 경상누층군에 대비할 수 있는 지층이 북한지역에도 분포하는데 대보계(大寶系)로 불립니다.

▶ 경상누층군

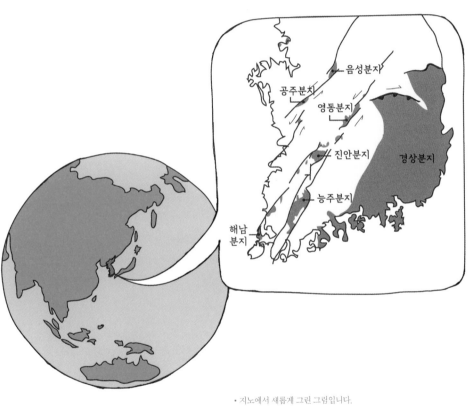

• 지노에서 새롭게 그린 그림입니다.
(출처: 대한민국 국가지도집 II)

현재의 지구(홀로세)

현재는 지구의 역사 중에서는 빙하기에 해당합니다. 빙하기에는 따뜻한 시기와 추운 시기가 있는데 현재는 따뜻한 시기입니다. 현재를 포함하는 이 따뜻한 시기를 '홀로세'라고 부릅니다. 홀로세의 시작은 약 1만 년 전입니다. 그전의 추운 시기, 즉 빙기가 이때 끝났습니다. 빙기 후이므로 '후빙기'라고 부릅니다.

홀로세에는 빙하와 빙상이 녹고 해수면이 상승합니다. 강 최하류부의 골짜기 밑바닥에는 바닷물이 흘러들어 얕은 바다가 되고 상류에서 운반된 토사가 퇴적됩니다. 그리고 그곳은 저지대로서 새로운 육지가 됩니다. 그곳을 흐르는 강은 때때로 범람하여 새로운 지층을 만듭니다. 평야 중에서도 가장 낮은 지대는 홀로세에 만들어진 지형입니다. 이 지층은 연해서 지진이 일어날 때 다른 지층에 비해 진도가 1 커진다고 합니다.

홀로세라는 시기는 지구의 역사에서의 구분인데, 이 기후 변동은 인간의 활동에 크게 영향을 줍니다. 우리나라에서는 약 1만 년 전에 구석기시대가 끝나고 신석기시대가 시작됩니다. 이는 홀로세 전의 고신세 말기가 되면서 서서히 온난화가 시작되어 자연환경이 변했고 그것에 따라 생활양식이 변화한 것으로 생각됩니다.

인간이 대지의 형태를 바꾸기 시작한 것은 홀로세에 들어선 때였습니다. 신석기시대에는 조개 가공이 활발히 이루어진 것으로 보이며, 부산 동삼동과 통영 연대도 등에서 조개더미(조개무지) 터가 발견되었습니다. 현대에는 해안부를 흙이나 모래로 메워서 매립지를 만들었고, 그 위에 수많은 사람이 살고 있습니다.

▶ 인간 활동과 새로운 지층

조개더미

인공적으로 만들어진 매립지

34

인류의 시대(제4기)

앞에서 설명한 홀로세 전 시기를 갱신세라고 합니다. 갱신세는 추운 빙기와 따뜻한 간빙기가 반복된 시기입니다. 주기는 약 10만 년입니다. 홀로세와 갱신세를 합친 시대를 제4기라고 부릅니다. 지금부터 258만 년 전부터 현재까지를 칭하는 시대입니다.

제4기의 특징은 지구 전체적으로 기후의 한랭화가 일어나는 것입니다. 제4기를 통틀어 빙하시대라고 할 수 있습니다. 이 빙하시대는 계속 한랭한 것은 아니고 빙기와 간빙기가 번갈아 나타납니다. 빙기에는 빙하와 빙상이 확

▶ 빙하시대를 살아온 인류

오스트랄로
피테쿠스

호모
하빌리스

대하고 간빙기에는 축소합니다. 이러한 기후 변화 속에서 인류는 진화하여 생활의 장을 확대해왔습니다.

제4기의 특징은 인간속(호모속)의 출현입니다. 당시에는 제4기를 인간속이 진화한 시기로 구분하여 '인류기'라고도 불렀습니다. 그 후 동식물 화석이나 고지자기, 화산재 등을 사용하여 제4기의 시작이 정의되었습니다.

우리나라의 유명한 화산 지형은 모두 신생대에 생성된 것들입니다. 한반도의 지붕이라 불리는 개마고원은 신생대 제4기에 융기가 일어나고 용암이 분출하여 지금과 같은 모습이 되었습니다. 특히 백두산은 화산 활동이 활발했던 지역으로, 제4기 분출로 백두산의 천지가 형성되었고, 후삼국시대뿐만 아니라 조선시대에도 분출기록이 남아 있을 정도였습니다. 울릉도와 독도, 제주도는 제3기에서 제4기의 화산 활동으로 생성되었습니다.

35

생물의 대량멸종

지질시대는 지층에서 나오는 화석을 통해 구분되었습니다. 지층을 조사하면 화석이 크게 변하는 부분이 있습니다. 그곳이 지질시대의 경계입니다. '화석이 크게 변한다'는 말은 곧 당시의 지구 환경이 크게 변하여 생물상이 크게 변했음을 의미합니다. 생물상이 크게 변한다는 것은 그때 번성하던 생물이 멸종하고, 다른 생물이 번영하게 되는 것을 가리킵니다. 번성하던 생물의 멸종을 일으키는 대사건에는 어떤 것이 있을까요?

생물의 대량멸종 사건 중 하나는 중생대 말에 일어난 공룡의 멸종입니다. 이 사건 이후가 곧 신생대입니다. 공룡은 트라이아스기에 파충류에서 진화

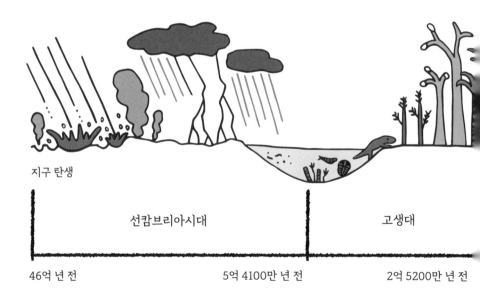

지구 탄생

선캄브리아시대   고생대

46억 년 전   5억 4100만 년 전   2억 5200만 년 전

하여 탄생했습니다. 그 후 쥐라기, 백악기를 거치며 번성했습니다. 한때 지구는 공룡의 행성이었지만 그 끝은 별안간 들이닥친 것으로 추정됩니다. 멕시코 유카탄반도 부근에 거대 운석이 떨어져서 지구 환경이 격변하여 생물의 대량멸종이 일어났습니다. 그 운석 충돌의 흔적은 지름이 약 10킬로미터나 됩니다. 운석이 낙하하여 대량의 먼지가 일어났고, 그 때문에 지표면에 닿는 햇빛이 감소하여 식물의 생육이 나빠지면서 먹이사슬이 붕괴하며 대량멸종이 일어난 것으로 추정됩니다.

고생대 말에도 생물의 대량멸종이 일어났습니다. 바다에 서식했던 암모나이트나 푸줄리나, 산호, 육상 곤충 등이 대량으로 멸종했습니다. 이 대량멸종은 거대한 화산 분화나 거대 운석 낙하가 원인으로 추정되고 있습니다. 이렇듯 생물의 대량멸종이 일어나면 살아남은 생물 중에서 새로운 환경에 적응하는 생물이 번성하고 생태계는 변화했습니다.

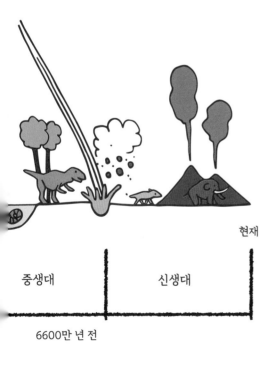

현재

중생대   신생대

6600만 년 전

▶ **지구 탄생부터
현재까지 일어난 일**

36

인류세

우리 인간은 풍요로운 생활을 추구하여 수많은 물건을 만들어냈습니다. 그러나 한편으로 수많은 쓰레기도 발생시켰습니다. 예를 들어 석유 등이 원료인 플라스틱은 가볍고 가공도 쉬워서 다양한 제품에 활용됩니다. 그러나 한 번 사용된 플라스틱 대부분이 쓰레기로 버려지고 있습니다. 플라스틱은 태우거나 묻어서 처리합니다. 태운다고 해도 타고난 후 가스가 남아서 그 또한 땅속에 매장합니다. 이러한 쓰레기는 인류가 플라스틱을 발명하기 전에는 지구상에 존재하지 않았습니다. 우리는 46억 년이라는 지구의 역사 속에서 존재하지 않았던 것을 지층으로서 남기고 있는 것입니다.

빌딩 등을 무너뜨릴 때 나오는 콘크리트 덩어리도 지하에 파묻혀 있습니다. 자동차가 배기가스로 내뿜는 미립자나 방사성 미립자도 넓은 범위로 흩뿌려지고 있습니다. 이것들 역시 새로운 지층을 만들어내고 있습니다.

인류가 공업화를 발전시키고 현대 문명을 이룩하기 전에는 인간이 만들어낸 것도 기본적으로는 자연의 작용 속에서 대부분 분해되어 자연으로 돌아갔습니다. 그러나 현대에는 그러한 자연의 순환으로 돌아가지 않는 것들을 대량으로 만들어냈고, 자연의 순환 자체에도 영향을 미치는 상황입니다.

이러한 현대는 지구의 역사에서 지금까지와는 다른 별도의 시대로 이해하는 편이 좋다는 생각이 제창되고 있습니다. 오존층 파괴 연구로 1995년 노벨화학상을 받은 네덜란드의 과학자 파울 크뤼첸(Paul J. Crutzen)은 '현재'는 홀로세가 끝나고 새로운 시대로 들어갔다고 주장하며 그것을 '인류세(Anthropocene)'라고 명명했습니다. 지구의 역사는 인간의 힘이 도저히 미치지 않는 장대한 변동 속에서 쌓여온 것인데, 현대 인류의 활동은 그러한 자연의 활동에 필적할 정도로 커다란 것이 되어버린 것입니다. 어쩌면 우리가 속한 현대 문명의 본질은 지구의 시스템에 영향을 끼칠 정도의 폐기물을 그저 만들어내는 시스템인지도 모릅니다. 인류가 어떻게 살아가야 할지 생각해볼 지점이라고도 할 수 있겠습니다.

▶ 인간이 남기는 지층은 어떤 모습일까?

화석 찾는 법

화석은 옛 생물 등이 지층으로 굳어진 것이므로 어디에나 있는 것은 아닙니다. 지하의 마그마가 굳어서 생성된 화강암이나 화산 분화 시에 생긴 안산암이나 현무암 등의 화성암에는 포함되어 있지 않습니다.

　화석은 지층이 퇴적되었을 때 그곳에 생물이 있었고 그것이 운 좋게 보존되었을 때 생깁니다. 바다와 호수에서 생물이 죽으면 그 시체가 바다나 호수 바닥에 퇴적됩니다. 그리고 그 위를 모래나 진흙이 뒤덮어서 시체가 그곳에 봉인되어야만 화석이 됩니다. 사암이나 이암과 같은 퇴적암에서는 종종 화석이 발견됩니다. 그러나 생물의 유해가 잘 보존되지 않으면 화석은 생성되지 않으므로 이암과 사암이라고 해서 어디에나 화석이 있는 것은 아닙니다.

　또 융기 속도가 빠르고 산사태도 많은 오래된 지층은 상대적으로 잘 깎여 나가므로 안정된 지층에 비해 화석이 남기 어려운 장소입니다.

　화석이 잘 발견되는 지층들은 이미 조사되어 있으므로, 시판 가이드북을 참조하길 바랍니다. 또한 주변에 지질학 관련 박물관이 있다면 찾아가보는 것도 추천합니다.

5장

다양한 지층

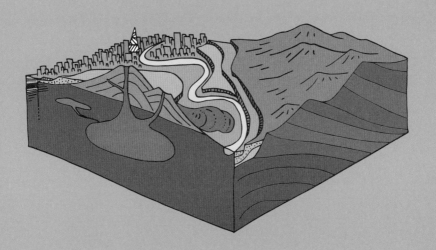

한반도의 지질구조

한반도를 형성하는 1.9-1.8Ga(19억 년 전에서 18억 년 전)에 형성된 고원생대 암석은 임진강대와 옥천대에 의해 낭림육괴, 경기육괴, 영남육괴로 나뉘어 있지만, 서로 연결된 하나의 덩어리로 생각되어왔습니다. 그래서 한반도의 형태는 고원생대에 만들어졌다고 생각했습니다. 하지만 2000년대 초에 한반도의 형태가 페름-트라이아스기(250-230Ma: 2억 5000만 년 전에서 2억 3000만 년 전)에 일어난 대륙충돌로 형성되었다는 새로운 증거가 제시되었습니다.

충청남도 홍성 지역에서 히말라야 산맥과 같이 대륙과 대륙이 충돌한 지역에서 나타나는 증거인 트라이아스기 에클로자이트 암석이, 강원도 오대산 지역에서 대륙 충돌 후에 형성된 트라이아스기 화성암이 발견되었습니다. 이는 홍성과 오대산 지역을 연결하는 선을 따라 한반도 남부와 북부가 충돌하여 트라이아스기에 현재의 한반도가 형성되었을 가능성을 시사합니다.

임진강대도 여러 학자들에 의해 대륙 충돌대로 제시되고 있습니다. 하지만 임진강대에서는 홍성-오대산 충돌대 모델과 같은 분명한 증거를 발견하지 못했습니다. 아직 한반도 내 충돌대의 위치는 확정되지 않았지만 한반도의 일부는 북중국판에, 일부는 남중국판에 연결되어 있음은 대체로 인정되고 있습니다.

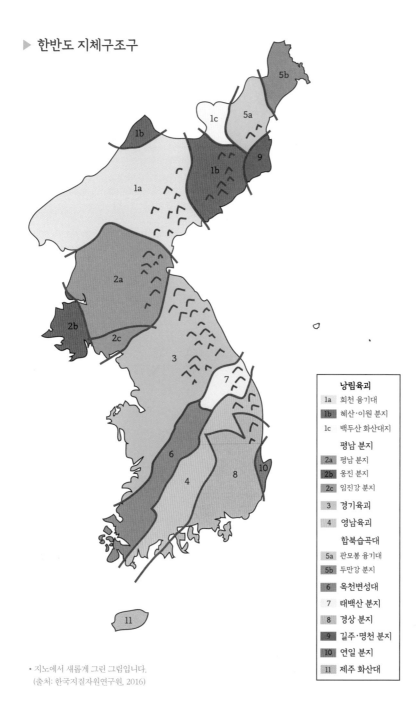

▶ 한반도 지체구조구

낭림육괴
- **1a** 희천 융기대
- **1b** 혜산·이원 분지
- **1c** 백두산 화산대지

평남 분지
- **2a** 평남 분지
- **2b** 옹진 분지
- **2c** 임진강 분지
- **3** 경기육괴
- **4** 영남육괴

함북습곡대
- **5a** 관모봉 융기대
- **5b** 두만강 분지
- **6** 옥천변성대
- **7** 태백산 분지
- **8** 경상 분지
- **9** 길주·명천 분지
- **10** 연일 분지
- **11** 제주 화산대

• 지노에서 새롭게 그린 그림입니다.
  (출처: 한국지질자원연구원, 2016)

38

대륙의 지층,
해저의 지층, 섬의 지층

지구의 표면은 대륙과 섬으로 이루어진 육지와 해저로 나뉩니다. 대륙은 넓은 면적을 지니는 육지에서 유라시아대륙, 북미대륙, 남미대륙, 아프리카대륙, 오스트레일리아대륙, 남극대륙 등 총 6개입니다. 한편 섬은 좁은 면적의 육지입니다. 이들 대륙, 해저, 섬은 지층에서도 각기 다른 특징을 보입니다.

대륙은 면적이 넓을 뿐만 아니라 지층의 형성 시기가 매우 오래되었습니

▶ **대륙과 해저와 섬의 관계**

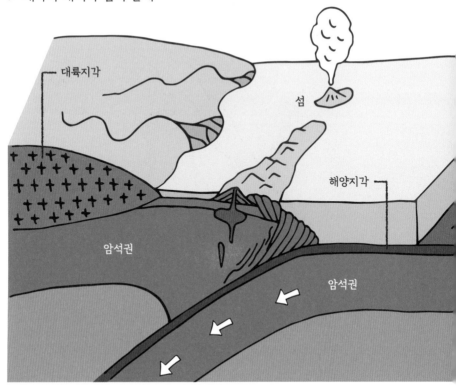

다. 예를 들어 세계에서 가장 오래된 지층은 약 40억 년 전 것으로 캐나다에서 발견되었습니다. 대륙 지층의 중심이 되는 부분은 주로 화강암질의 암석으로 이루어져 있습니다. 그 대부분은 35억 년 전~25억 년 전에 만들어졌고, 그 후 서서히 확대되었습니다. 그렇게 생성된 대륙은 다른 대륙과 충돌 및 합체를 반복하여 현재의 형태에 이르렀습니다. 대륙이 있다는 것은 해면상에 육지가 있다는 말로서 그곳에서는 풍화와 침식이 격하게 일어납니다. 그것이 대륙 주변부로 흘러들어가 새로운 지층을 만듭니다. 지구의 역사에서 대륙이 생성되었다는 것은 무척 큰 사건이라 할 수 있습니다.

해저는 대륙만큼 오래된 지층은 아닙니다. 오래된 것이라 해도 2억 년 정도입니다. 대양의 해저는 해령이라고 불리는 해저화산에서 만들어집니다. 그곳에서는 지하에서 마그마가 서서히 올라오기 때문에 새로운 해저는 현무암질 용암으로 이루어져 있습니다. 그리고 해저는 해령에서 멀어지면 그 위에 산호초가 생기고 처트가 퇴적되어 진흙이나 모래도 쌓입니다. 현무암질 용암이나 산호초 기원의 석회암, 처트, 사암과 이암 같은 지질로 이루어지는 것이 해저 지층의 특징입니다.

대륙 가장자리에는 섬이 많이 있습니다. 해저의 지층이 대륙 가장자리로 밀려나서 만들어집니다. 융기도 극심하고 침식도 일어나기 때문에 오래된 지층은 거의 남지 않습니다. 화산 분화도 일어나서 그 퇴적물이 많습니다. 이렇듯 심한 변동 속에서 형성된 것이 섬 지층의 특징입니다.

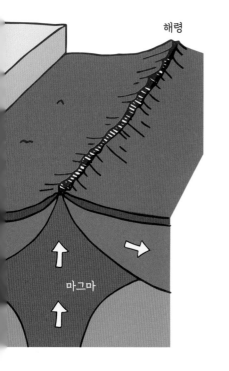

해령

마그마

점이층리와 저락암

해안선에서 떨어진 해안이나 호수에 흘러들어온 모래나 진흙은 그곳에서는 흐름이 거의 없기 때문에 서서히 가라앉습니다. 가라앉는 속도는 입자의 크기가 영향을 줍니다. 진공 상태에서는 크고 작은 다른 무게의 추를 낙하시키면 떨어지는 속도가 같습니다. 공기 중에서는 추를 낙하시키면 공기저항이 있지만 그것은 너무도 작기에 무시할 수 있을 정도이며, 역시 같은 속도로 낙하합니다.

그렇다면 물속에서는 어떨까요? 물의 저항력과 부력이 작용하기 때문에 작은 입자일수록 영향을 크게 받아 저항이 커집니다. 따라서 커다란 입자가 먼저 가라앉고 작은 입자가 나중에 가라앉습니다. 한 지층 속에서 위쪽을 향해 입자가 작아진다고 하여 '점이층리'라고 부릅니다. 퇴적암에 점이층리가 발견된다면 원래 지층의 어느 쪽이 위였는지 알 수 있습니다. 지층이 습곡 등에 의해 기울어져서 원래의 상하관계를 알 수 없게 되었을 때에도 점이층리를 통해 상하를 판별할 수 있는 것입니다.

대륙 가까운 곳에서는 강으로 운반된 진흙이나 모래가 반복적으로 쌓여 '저락암'이 만들어집니다. 육상에서 홍수가 나거나 해저에서 지진이 일어났을 때 해저의 사면에서 '혼탁류'라는 흐름이 발생하여 해저가 토사를 휘저어 올리면서 흘러내려 퇴적된 것입니다. 저락암 지층은 사암이암호층(사암과 이암이 교대로 나타나는 지층)으로 각지의 해안 등에서 볼 수 있습니다.

▶ 점이층리와 저탁암

부력

부력

빨리
가라앉는다

점이층리

지층의 상하 판정

아래

위

혼탁류

저탁암

쓰나미의 지층

이웃나라 일본은 사면이 바다로 둘러싸여 있어서 쓰나미의 피해를 자주 받습니다. 일본을 둘러싼 바다에서 발생한 지진뿐 아니라 남미의 칠레에서 일어난 지진에 의한 쓰나미 피해도 받습니다. 이렇게 일본에 쓰나미가 자주 생기는 것은 일본해구나 난카이트로프처럼 판이 파고 들어가는 장소인 지진의 근원지 가까이에 있기 때문입니다. 세계에서 일어나는 지진 대부분은 이러한 해구 등의 움푹 팬 곳에서 발생합니다. 다행히 우리나라는 일본해구에서 조금 멀리 떨어져 있고, 일본 열도가 가로막고 있어서 거의 피해를 입지 않습니다. 하지만 동해의 수심이 깊고 지진이 자주 발생하는 일본 열도 옆에 있어서 안심할 수는 없습니다. 실제로 1983년과 1993년에 일본에서 발생한 쓰나미로 인해 우리나라 동해안에서 피해가 발생하기도 했습니다.

▶ **보통 파도와 쓰나미가 미치는 범위의 차이**

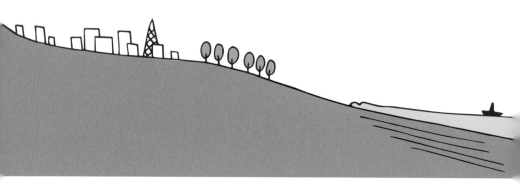

과거의 쓰나미를 조사할 때는 지층이 쓰입니다. 쓰나미는 물이 움직이는 현상이므로 그에 따라 토사가 이동합니다. 쓰나미는 일반적인 파도의 작용과는 규모가 현격히 다른 현상이므로 그곳에 퇴적되는 퇴적물은 매우 특징적입니다.

  쓰나미가 덮쳐오면 평소에는 파도의 작용이 미치지 않는 곳까지 바다의 퇴적물이 쌓입니다. 해안 부근의 습지에는 보통 강이 실어온 퇴적물이나 그곳에서 서식하는 식물의 유해 등이 퇴적됩니다. 하지만 쓰나미 때는 그곳에 바다의 퇴적물이 뒤덮기 때문에 구별이 쉽고 그 퇴적물의 연대를 조사함으로써 언제 쓰나미가 왔는지 알 수 있습니다. 또 퇴적물이 어디까지 퍼졌는지를 조사함으로써 쓰나미의 규모도 추정할 수 있습니다. 그것을 현재 쓰나미의 규모와 퇴적물의 분포에 비교하면 과거에 어느 정도의 지진이 어느 정도의 빈도로 발생했는지를 추정할 수 있는 것입니다.

  '쓰나미'라는 말은 국제적으로 사용되며 영어로도 'tsunami'라고 표기합니다. 쓰나미로 생긴 퇴적물은 '쓰나마이트(tsunamiite)'라고 부릅니다.

쓰나마이트

41

어는 지층

한랭한 지역에서는 토양이나 암설의 층에 포함되는 물이 얼기 때문에 독특한 지형과 지층 모양을 형성합니다. 빙하가 발달하는 지역에서는 빙체가 존재하는 장소 주변에서 자주 볼 수 있기에 이 독특한 지형과 지층이 만들어내는 현상을 '주빙하현상(周氷河現象)'이라 부릅니다. 그러나 반드시 빙하 주위일 필요는 없습니다. 빙하가 존재하지 않는 곳에서도 주빙하현상은 일어납니다.

구조토(構造土)는 주빙하현상으로 만들어진 지형입니다. 지표에 육각형, 원형, 다각형이나 불규칙한 모양이나 근육과 같은 모양이 나타납니다. 지면이 얼거나 녹기를 반복하면서 진흙이나 모래가 체로 친 듯 가려지며 독특한 모양을 이룹니다. 남극의 세종기지처럼 추운 곳에서 흔히 볼 수 있습니다.

영구동토(永久凍土)도 지층이 언 것입니다. 빙점 이하의 상태로 2년 이상 연속으로 얼어 있으면 영구동토라고 불립니다. 북극을 중심으로 넓은 범위에 영구동토가 펼쳐져 있습니다. 과거 온전히 통째로 언 맘모스가 발견된 적도 있습니다.

기온이 영하 5℃라면 연속적으로 영구동토가 형성됩니다. 영구동토가 형성됨으로써 지면에 절단면이 만들어지고 지층에 그것이 기록됩니다. 그 후 그 장소의 기후가 온난화해도 형태는 남습니다. 따라서 과거에 만들어진 절단면 분포와 지층 연대를 상세히 조사함으로써 당시의 기온 분포를 추정할 수 있습니다.

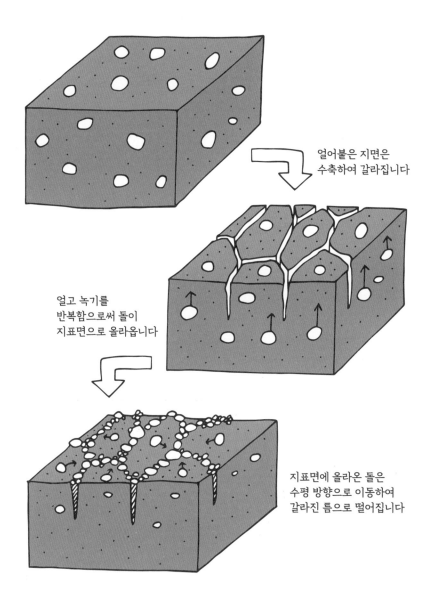

얼어붙은 지면은
수축하여 갈라집니다

얼고 녹기를
반복함으로써 돌이
지표면으로 올라옵니다

지표면에 올라온 돌은
수평 방향으로 이동하여
갈라진 틈으로 떨어집니다

42

지층과 폭포, 지하수

지구상에서 생물이 탄생하여 현재까지 번성한 것은 물 덕분입니다. 생명은 해수에서 탄생했지만 인간은 바닷물을 마시며 살 수 없습니다. 살아가기 위해서는 담수가 필요합니다. 지구상 97.4퍼센트의 물은 해수이고, 그 외 2.6퍼센트가 담수입니다. 그러나 담수의 4분의 3은 빙하의 빙상입니다. 따라서 우리가 이용할 수 있는 것은 호수나 하천수, 지하수 등의 지구상에 있는 물의 불과 0.6퍼센트입니다. 그 대부분은 지하수입니다. 지하수는 우리에게 매우 귀중한 자원인 것입니다.

지표에 내린 비는 지층에 스며들어 그곳을 통과함으로써 깨끗한 지하수가 됩니다. 그러나 최근에는 지하에 폐기물 매립이나 오염수의 유입 등으로 지하수 오염이 심해지고 있습니다.

▶ 담수의 비율

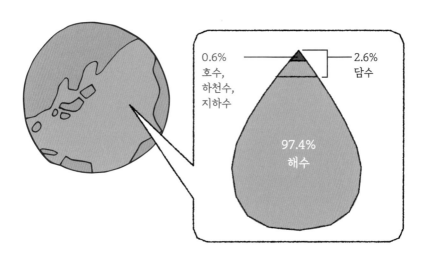

지하수의 존재는 지층의 배열에 크게 영향을 받습니다. 고운 진흙이나 점토가 모여서 생성된 지층은 물이 잘 빠지지 않고, 그 위로 모래나 돌멩이로 이루어진 지층이 있으면 물은 그 지층을 따라 흐릅니다. 물이 잘 빠지지 않는 지층을 불투수층, 물이 쉽게 빠지는 지층을 투수층이라고 합니다.

지하수의 경우 불투수층에서 지표 사이의 지층에 모인 '불압지하수'와, 불투수층과 불투수층 사이에 낀 지층에 모인 '피압지하수'로 나뉩니다. 두 지하수는 다른 성질을 지닙니다. 전자는 우물을 파면 지하수가 고여 있는 깊이 정도에 물이 나타납니다. 후자는 불투수층과 불투수층 사이의 압력을 받고 있기 때문에 그곳까지 우물을 파면 지상으로 물이 솟아오릅니다. 참고로 그러한 우물을 자분정(自噴井)이라고 합니다.

▶ 지하수가 솟아나오는 장소

불투수층

43

평야의 지층과
산지의 지층

지형은 융기를 통해 생기는 산(융기 산지), 화산, 구릉지, 단구, 저지 등 다섯 개로 분류할 수 있습니다.

우리가 산이라고 부르는 것은 융기 산지와 화산입니다. 융기 산지는 지하에 있었던 지층이 솟아올라온 장소입니다. 산 표면에는 소량의 흙이 있지만 대부분은 암반입니다. 그 암반의 종류는 장소에 따라 달라집니다.

▶ 산지와 단구, 저지대

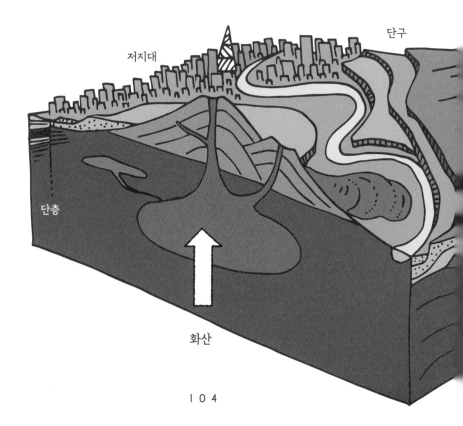

또 하나의 산인 화산에는 화산암이 분포합니다. 원래는 지하에 있었던 마그마입니다. 그리고 화산 주변에는 분화에 따라 분출된 화산재와 화쇄류 등이 퇴적되어 있습니다.

앞서 말한 다섯 가지 분류 중 구릉지와 저지는 평야에 위치합니다. 평야는 제4기에 모래나 진흙이 퇴적되어 있는 장소입니다. 산지를 흐르는 강이 암반을 파고들어 주위 산의 사면이 불안정해지고 그곳에서 산사태가 일어나 무너진 토사가 강에 의해 운반되어 퇴적됩니다. 물러서 건축물의 지반으로 쓰기에는 약한 지층입니다.

융기하는 산지와 침강하는 평야 사이에는 지층의 어긋남인 활단층이 있습니다. 그곳은 지진이 반복적으로 일어난 장소입니다. 산지는 융기하고 그 들판은 강에 의해 깎이기 때문에 장기적으로 보면 심하게 불안정해져서 토사가 무너져 산사태 등이 발생합니다. 이때 만들어진 토사가 하천이 범람할 때 평야로 퇴적됩니다.

지형과 지질, 토사의 움직임은 서로 많은 연관성을 가지고 있습니다. 이 토사의 움직임은 인간 입장에서는 자연재해입니다.

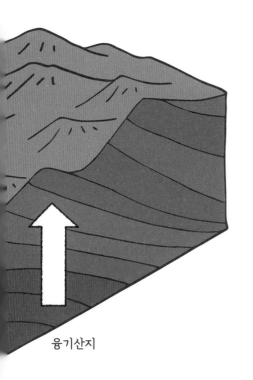

융기산지

보석의 세계

보석은 자연과학의 분류로 존재하는 것이 아닙니다. 많은 사람이 아름답고 가치가 있는 것이라고 인식하면 보석이 됩니다. 수많은 보석은 광물이지만 진주나 산호처럼 생물 기원의 돌도 있습니다.

다이아몬드는 가장 유명한 보석입니다. 화학성분식만으로 보자면 탄소라는 지극히 흔한 원소입니다. 그러나 천연에서 가장 단단한 물질로, 그 가치는 여러분이 아는 대로입니다. 그렇다면 다이아몬드는 어떻게 생성되는 것일까요? 다이아몬드는 킴벌라이트(kimberlite), 에크로자이트(eclogite), 램프로이트(lamproite)라는 암석과 함께 산출됩니다. 이들 암석은 지하 100킬로미터 이상의 깊은 곳에서 고온고압의 조건에서 만들어집니다. 매우 깊은 곳에서 만들어진 암석이므로 무척 단단합니다. 호주, 남아프리카공화국, 러시아 등 오랜 시대의 지층이 나타난 대륙의 각국이 대표적 산지입니다. 한국에서는 많은 규모로는 산출되지 않습니다.

수정은 석영(SiO_2)의 큰 결정입니다. 산소와 규소는 지각에 존재하는 가장 많은 원소입니다. 따라서 수정은 곳곳에서 발견됩니다. 과거에는 유럽 알프스 산속에서 발견되기 때문에 얼음이 더욱 단단해져서 생겨난 것으로 생각되었습니다. 그러나 실제로는 규산이 녹은 뜨거운 물이 갈라진 암반의 틈으로 들어가 결정을 이루고 자라서 만들어집니다.

6장

지층의 이용

44

석재로서의 이용

돌은 아름다운 색과 모양을 지니며 강도도 세서 건물의 외장이나 내장, 도로나 다리 등에 사용됩니다. 흔히 볼 수 있는 것이 대리석입니다. 대리석은 원래 석회암이 변한 것이기에 산호나 암모나이트의 화석을 발견할 수 있습니다. 백화점이나 호텔 로비 등의 석재로 잘 쓰입니다.

화강암도 석재로 자주 쓰이는 암석입니다. 깨소금 같은 문양이 들어간 암석입니다. 빌딩 외장이나 묘의 비석 등에 사용되고, 도로나 계단의 포석으로도 쓰입니다. 우리나라 국보 제24호인 경주 석굴암의 본존불은 화강암으로 만들어졌습니다. 화강암은 매우 단단하여 조각하기 어렵지만 신라인들은 뛰어난 기술과 미적 감각으로 불상을 만들었습니다.

화산암인 안산암은 지상에서 식어서 수축할 때 판상의 쪼개짐면을 만듭니다. 그 쪼개짐면을 따라 얇게 쪼개지기 때문에 건물의 내외장재로 사용되었습니다.

트래버틴(travertine)도 내장재로 자주 사용됩니다. 붉고 흰 줄무늬에 구멍이 수없이 나 있는 암석입니다. 일단 녹은 석회암이 재침전한 것으로 굳을 때 틈이 생깁니다. 고대 로마인은 트래버틴을 이용해 수많은 건축물을 지었는데, 콜로세움을 만들 때도 트래버틴이 사용되었습니다. 녹색으로 독특한 문양을 가진 사문암(蛇紋岩)도 자주 사용됩니다. 앞에서도 말했듯 뱀 껍질처럼 보이는 무늬가 있어서 이런 이름이 붙었습니다.

현무암이 풍부한 제주도에는 현무암으로 돌담을 만들어 바람을 막는 데 사용합니다. 유럽에서는 지붕에 점판암(슬레이트)이 사용됩니다. 이암이 변해서 만들어진 슬레이트는 같은 두께로 깔끔하게 쪼개집니다. 그래서 기왓장으로 많이 이용되었습니다.

▶ 시중에서 사용되는 석재

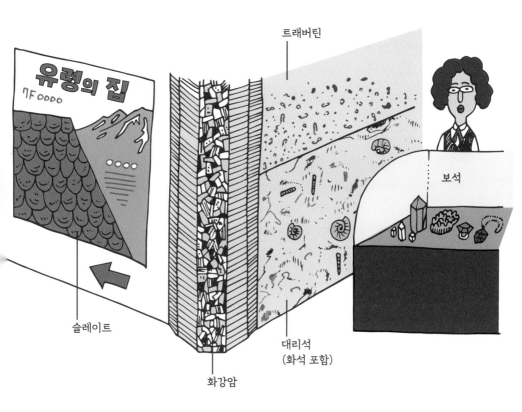

유령의 집

트래버틴

보석

슬레이트

화강암

대리석
(화석 포함)

지하자원으로서의 지층

'자원'은 인간이 생산 활동으로 자연에서 얻는 원재료를 말합니다. 자원의 주가 되는 것은 동식물과 같은 생명자원과 지층인 지하자원입니다. 우리가 입는 옷에는 면직물과 모직물, 모피 등을 빼면 석유가 원료인 합성섬유를 많이 사용합니다. 자동차의 몸체는 철과 플라스틱 등으로 만들고 연료는 석유가 원료인 휘발유입니다. 컴퓨터나 텔레비전 등의 전자제품에는 플라스틱과 다양한 금속이 쓰입니다. 금속은 지하에서 광석 등을 채굴하고 가공해 만듭니다. 인간이 지층을 파헤쳐서 현대 문명을 성립시킨다고 할 수 있습니다.

현대 사회에서 가장 중요한 지하자원은 '원유'입니다. 자동차나 비행기 등 다양한 기계를 움직이는 연료로 사용되지요. 원유는 서아시아 국가 등 한정된 지역에 분포하는데, 이는 원유가 퇴적암이 분포되는 지역 가운데 특정한 구조를 지니는 곳에서 채굴되기 때문입니다. 원유뿐만 아니라 연료자원이 되는 지하자원은 그 분포가 편중되어 있습니다. 이는 지층의 분포에 따라 자원의 분포가 결정되기 때문입니다. 예를 들어 과거 서민들의 연료였던 연탄의 원료인 석탄은 우리나라의 경우 강원도를 비롯하여 경상북도와 충청도 등에서 채굴됩니다.

에너지와 함께 우리 생활에 필요한 것으로 지하자원에 크게 의존하는 것이 '콘크리트'입니다. 콘크리트는 석회암이 원료인 시멘트에 골재라 불리는 모래나 돌멩이를 섞어서 만듭니다. 과거에는 하천의 돌멩이를 골재로 많이 사용했습니다. 현재는 산의 암반을 깎아서 골재를 만듭니다.

지하자원은 지구의 46억 년 역사의 산물입니다. 인류는 그 축적을 수백 년 동안 모조리 써버릴 기세로 사용해왔습니다. 이대로라면 현대 문명은 오래가지 못해 멸망할 것입니다. 우리는 다음 세대를 위해 지하자원을 현명하게 사용할 방법을 생각해야 합니다.

▶ 석유와 석유제품

가스

원유를 포함한 지층

뚜껑 역할을 하는 지층 ┘

우리 주변의 석유제품

휘발유

OIL

합성섬유

먹을 수 있는 지층

지층에는 식용으로 이용되는 것이 있습니다. 바로 '암염(岩鹽)'입니다. 소금은 인간이 살아가는 데 없어서는 안 될 자원입니다. 자원의 유통이 불편했던 시절, 바다에서 멀리 떨어진 곳에 사는 사람들에게, 지하에서 산출되는 소금은 매우 귀중한 것이었습니다. 우리나라에서는 암염이 산출되지 않지만 미국이나 독일, 이탈리아 등의 유럽 국가 등에서 산출됩니다. 암염은 식용으로 이용되는 것 외에도 겨울철 융설제나 다양한 화학공업제품을 만들기 위한 염소, 염산, 가성소다(수산화나트륨)의 원료로 이용되고 있습니다.

암염은 해수가 지각 변동 등으로 육상에 가둬졌을 때 수분이 증발되면서 소금층이 형성되고 그것이 지하 깊은 곳에서 압력을 받아 생기는 것입니다. 암염이 만들어지는 시간은 수천 만 년에서 수억 년이라고 합니다. 빛깔은 흰색이나 엷은 복숭아색이 일반적인데 포함되는 성분에 따라서는 빨강이나 노랑색을 띠는 것도 있습니다. 암염은 이따금 돔 형태의 구조를 만듭니다. 이는 암염이 주변 지층보다 밀도가 낮고 상대적으로 가볍기 때문에 지표를 향해 솟아오르려 하기 때문입니다.

폴란드의 크라쿠프와 가까운 비엘리치카 소금광산은 중세(13세기)부터 현대에 이르기까지 채굴되었습니다. 갱도의 총 길이는 약 300킬로미터, 최전성기에는 폴란드 수입의 3분의 1을 담당했습니다. 신앙심 깊은 광부들은 암염에 예배당 등 수많은 조각작품들을 남겼습니다. 그렇게 비엘리치카 소금광산은 암염 생산과 그곳에서 일하는 사람들의 문화가 어우러진 역사의 장으로 인정받아 1978년 유네스코 세계문화유산으로 등록되었습니다.

▶ 소금 지층이 생기는 과정

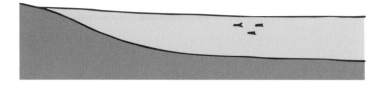

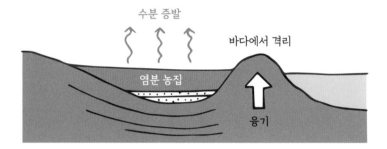

지각 변동을 통해 소금이 갇힘

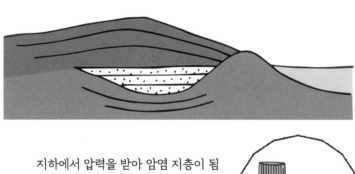

지하에서 압력을 받아 암염 지층이 됨

47

지질의 재해와 선물

지진과 화산 활동, 조산 운동 등 지각 변동이 활발하게 발생하는 지역을 '변동대(變動帶)'라고 합니다. 변동대에서는 자연재해가 일어나기 쉬운데, 이는 지층의 형성과 관련이 있습니다. 다시 말해, 지층의 형성 과정 대부분이 자연재해를 동반합니다. 이러한 자연재해는 지질재해라 할 수 있습니다.

큰 비가 내리면 산이 무너지고 토사류가 발생합니다. 강의 수위가 올라가고, 평야에서는 강이 범람하기도 합니다. 이때 새로이 평야의 지층이 만들어집니다. 강이 범람하면 강줄기가 여기저기로 퍼져나가 수심이 얕은 강이 되기 때문에 물의 세기가 약해지고 물과 함께 쓸려내려가던 모래와 진흙이 퇴적됩니다. 특히 물골 가까이에서는 모래가 퇴적되고 그 바깥에는 진흙이 퇴적됩니다. 하천이 범람하면 주택지는 큰 피해를 입지만, 이런 일이 반복되었기에 우리 생활의 터전인 평야가 만들어진 것입니다.

화산은 분화하면 많은 피해를 주지만 평온할 때는 지열의 공급원으로서 우리에게 선물도 줍니다. 온천이 솟아오르고 웅장한 경치가 펼쳐지는 화산 주변 지역은 드넓은 관광지입니다. 지열 발전을 하는 지역도 있습니다.

자연환경의 변동은 우리에게 자연재해로서 재앙이 되는 한편, 생활 및 생산의 장을 만들어왔습니다. 이렇게 인간은 자연이 일으킨 재앙과 혜택 속에서 살아가는 것입니다.

▶ 재해(피해)와 선물

화산재

온천

하천의 범람

화산

온천

생활에 필요한 평탄한 토지

48

도시 지층의 재해

도시에서는 '지반침하(地盤沈下)'라는 자연재해가 일어납니다. 건물을 지탱하는 지반이 가라앉아버리는 현상입니다. 건물은 지면이 움직이지 않는 것을 전제로 만들어지므로 지면이 내려앉는 것은 커다란 문제입니다.

지반침하는 주로 홀로세의 부드러운 지층이 퇴적되어 있는 장소에서 발생합니다. 지진이 일어날 때 대규모로 발생합니다.

저지대 지층은 강이나 바다의 움직임에 의해 퇴적된 모래나 진흙으로 만들어집니다. 이 지층은 충분히 굳지 않고 입자와 입자 사이 간격이 있습니다. 그곳에 지하수가 스며듭니다. 이러한 상태의 지층이 지진에 의해 흔들리면 맞물려 있던 입자와 입자가 순간적으로 떨어집니다. 그러면 지하수 안에 모래가 떠 있는 상태로 변합니다. 전체적으로는 액체이므로 그 위에 세워진 건물 등을 받쳐줄 강도를 유지하지 못하고 건물은 무너져버립니다.

흔들림이 잦아들면 다시 입자가 쌓여서 퇴적합니다. 이때 틈을 메우듯 퇴적하므로 입자와 입자 사이에 있던 물을 밀어냅니다. 이 물은 지표면을 향해 분출되어 물과 모래가 함께 흘러나오므로 분사 현상이 일어납니다. 모래 입자와 입자 사이의 간격

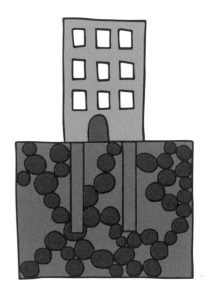

1 모래 입자끼리 붙어 있다

▶ 액상화에 의한 지반침하

이 메워진다는 것은 지표면이 상대적으로 붕 뜨게 되는 것을 의미합니다. 이렇게 지반침하가 일어납니다.

고층 빌딩 등은 지하 깊은 곳의 단단한 지층까지 철골을 박아서 건물의 기초를 다집니다. 따라서 지표 가까운 곳에서 지층이 가라앉으면 건물이 지표면보다 높아져버립니다.

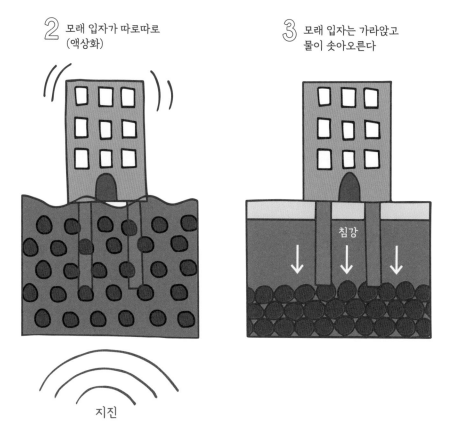

2 모래 입자가 따로따로
  (액상화)

지진

3 모래 입자는 가라앉고
  물이 솟아오른다

침강

49

지층과 지형의
보존과 활용

지층과 지형은 지구의 긴 역사 속에서 지금까지 일어난 일들을 기록하고 있습니다. 생물이 다양한 형태를 취하면서 진화해온 것도, 암석의 충돌로 생물이 대량으로 멸종한 것도, 한랭한 시대에는 현재보다도 몇 배나 큰 빙하와 빙상이 존재했다는 것도, 모두 지층과 지형을 분석함으로써 알아낸 사실입니다. 지질학과 지형학은 지층과 지형이 남겨져 있기에 비로소 그것들을 대상으로 조사 및 연구가 가능한 것입니다.

이러한 지층과 지형에 기록되어 있는 지구의 역사를 '지구의 기억'이라고 표현하기도 합니다. 지구는 생물이 아니므로 기억이라는 것은 은유적 표현이지만, 지구에 있어서 기억은 중요한 일이므로 그것을 잘 보존해야 합니다.

예를 들어 지층이 보이는 장소인 노두(露頭, 암석이나 지층이 흙이나 식물 등으로 덮여 있지 않고 지표에 직접적으로 드러나 있는 곳을 말한다—옮긴이)는 콘크리트나 식물로 덮여 있어서 관찰이 어려운 경우가 많습니다. 노두에서 얻을 수 있는 정보는 많기에 언제까지고 양호한 상태로 관찰할 수 있어야 바람직하지만 유지하기 어렵기도 합니다. 노두를 연구 목적만으로 사용한다면 보전하기 어렵지만, 교육이나 관광에도 이용한다면 다양한 사람들이 노두의 보전에 관여하게 되어 관찰하기 쉬운 상태로 유지할 수 있습니다. 최근에는 지층과 지형의 보전을 꾀하기 위하여 각지에서 그 활동을 추진하고 있습니다.

이러한 사회적 시스템의 마련 외에도 지층 자체를 보존하는 방법도 진보하고 있습니다. 예를 들면 토양이나 제4기에 퇴적된 부드러운 지층을 대상으로 표본을 만드는 방법이 있습니다. 노두를 정하여 표면에 풀을 바르고 그 위에 천(유리섬유)을 댑니다. 풀이 마르면 헝겊에 지층이 전사되는 원리입니다. 이렇게 만든 표본을 박물관과 학교 등에서 보관합니다.

▶ 지층을 벗겨낸 표본 만들기

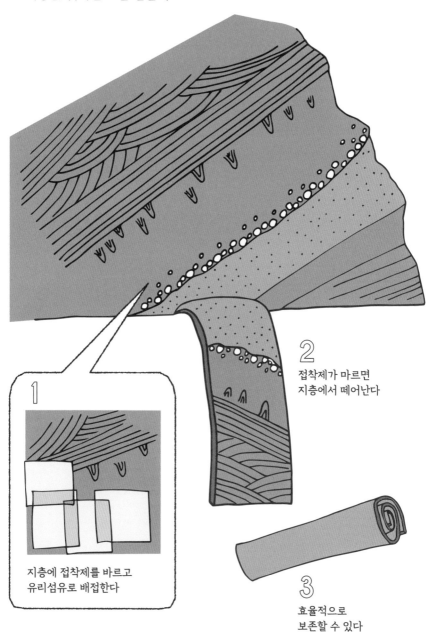

2
접착제가 마르면
지층에서 떼어난다

1
지층에 접착제를 바르고
유리섬유로 배접한다

3
효율적으로
보존할 수 있다

지층의 이용과
지속 가능한 사회

인류는 이제껏 여러 번 커다란 사회 변화를 만들어냈습니다. 하나는 농업혁명입니다. 이를 통해 한곳에 머물러 사는 인간의 생활이 사회화되었습니다. 또 하나는 농업 생산의 향상을 거친 18~19세기의 산업혁명입니다. 이때 지하자원을 이용하여 공업화가 진행되면서 인구도 급격히 증가합니다.

산업혁명은 인간과 지층의 관계성을 크게 바꾼 사건이라고도 할 수 있습니다. 산업혁명 전의 동력은 인력 외에는 수차나 풍차 등의 자연에너지, 소나 말 등 동물의 힘이었습니다. 소나 말에게 일을 많이 시키려면 먹이인 풀을 주어야 합니다. 풀은 태양에너지와 토양과 물이 없으면 자라지 않으므로 아무리 많이 필요해도 그 수를 급격히 늘릴 수는 없었습니다. 그러나 산업혁명 이후에는 지하의 석탄을 파서 그것을 연료 삼아 수증기로 터빈을 돌려 동력을 얻습니다. 석탄은 지구의 역사 속에서 오랜 시간에 걸쳐 축적된 것이므로 대량으로 존재합니다. 채굴량을 늘려서 기계를 늘리면 그 작용은 10배, 1000배에 이릅니다.

그 후 에너지 자원은 석유로 이행되지만 지구의 작용에 의해 쌓인 에너지를 이용해서 산업을 발전시키는 구조는 변하지 않았습니다. 그러나 이 방법의 큰 문제는 석탄이든 석유든 매우 오랜 시간에 걸쳐 만들어졌으며 그 양이 유한하다는 것입니다. 현재와 같은 속도로 사용하면 조만간 고갈되고 말 것입니다.

또한 사용한 후의 처리가 충분하지 않기 때문에 공해가 발생합니다. 이러한 지하자원에 의존하는 산업 형태는 장기적으로 생각하면 인류에게 반드시 최선의 방법이라 할 수 없을 듯합니다. 인류가 지속 가능한 사회를 만들어가기 위해서는 새로운 사회 구조를 만들어야만 합니다.

▶ 인간 활동에 필요한 에너지원

산업혁명
지하자원(석유·석탄)이라는 커다란 에너지원

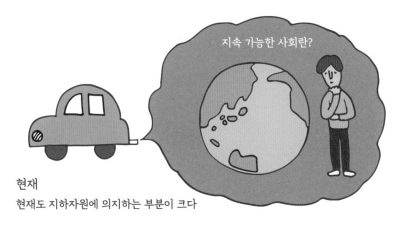

현재
현재도 지하자원에 의지하는 부분이 크다

한국의 지질공원

국가에서는 지질 및 지형적 중요성이 있는 지역을 지질공원으로 지정하여 관리하고 있습니다. 우리나라에는 제주도, 울릉도·독도, 부산, 강원 평화 지역, 청송, 무등산, 한탄·임진강 등 총 10곳(2017년)의 국가지질공원이 있습니다. 세계적으로 인정된 한국의 지질공원으로는 제주도, 청송, 무등산권이 있습니다.

• 지도에서 새롭게 그린 그림입니다.
  (출처: 대한민국 국토지리정보원)

7장

지층 조사법

51

지층을 견학하거나 조사할 때 주의할 점

지층에 관해 깊이 이해하기 위해서는 다양한 종류의 지층 실물을 보는 것이 중요합니다. 그러나 그때 주의해야 하는 사항들이 있습니다.

산이나 강, 채석장, 도롯가 등에서 지층을 관찰할 수 있는데 안전을 충분히 고려해야 합니다. 벼랑으로 되어 있는 곳도 많아서 위에서 돌이 굴러떨어질 가능성이 있습니다. 또한 지층을 견학할 수 있는 장소는 기본적으로는 누군가가 소유하고 있는 토지이므로 멋대로 들어갈 수 없습니다. 사유지라면 토지의 소유자에게 허가를 받고, 공유지라면 그곳을 관리하는 단체나 조직에 허락을 받고 들어가야 합니다.

특히 채석장은 주의가 필요합니다. 채석장은 충분한 안전 관리하에 채석 작업이 이루어지는 곳이므로, 무단으로 들어가서는 안 됩니다. 한편, 이미 채석이 중단된 곳은 관리가 되지 않아 누구라도 쉽게 출입이 가능할 수 있지만, 위험하므로 들어가지 말아야 합니다. 거리를 두고 쌍안경 등으로 보기만 해도 충분히 지층을 관찰할 수 있습니다.

무작정 야외에 나간다고 해서 지층을 효율적으로 관찰할 수 있는 것은 아닙니다. 그러니 지층을 쉽게 관찰할 수 있는 장소를 미리 알아두면 좋습니다. 지층이 잘 나타나 있는 곳은 암석으로 이루어진 해안(해변)입니다. 그런 해안이 어디에 있는지는 한국지질자원연구원(www.kigam.re.kr)이 촬영한 항공사진으로 미리 확인해두면 도움이 될 것입니다. 해안에서 지층을 관찰할 때는 사리 날의 간조 때 가는 게 좋습니다. 인터넷에 물때표가 공개되어 있어서 각지의 조석을 알아볼 수 있으니 참고하길 바랍니다.

산에서 지층을 관찰할 때는 계곡을 따라 난 장소가 가장 보기 쉬운 장소입니다. 물의 흐름이 있는 계류에서는 표면이 풍화한 암반이나 토양 등이 치워져서 깨끗한 상태의 지층을 관찰할 수 있기 때문입니다. 따라서 전문가는 산

▶ 지층을 안전하게 관찰할 수 있는 장소를 조사한다

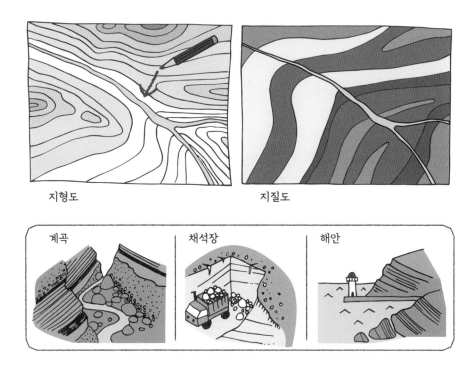

지형도

지질도

계곡

채석장

해안

에서는 계곡을 꼼꼼히 걸으며 지층을 조사합니다. 산에 오르거나 물가를 걸어본 적이 없는 사람은 위험하므로 반드시 경험 있는 사람에게 의논하여 지시에 따라야 합니다.

지질도 읽는 방법

지층이 어디에 어떻게 분포하는지는 '지질도(地質圖)'를 보면 알 수 있습니다. 지질도는 지표에 있는 식물이나 인공구조물, 토양을 벗겨냈을 때 그 아래 어떤 지질들이 펼쳐져 있는지, 그 분포를 나타낸 것입니다. 3차원적으로 분포된 지질을 2차원 지도로 표현한 것이라 그 지하의 지질구조까지 모두 알 수는 없습니다. 그러나 지질단면도가 함께 기록되어 있어서 지하 깊은 곳의 구조도 이해할 수 있습니다. 나아가 지형과의 관계를 바탕으로 각각의 장소에서 지질이 어떻게 분포되는지를 추정해볼 수 있습니다.

현지에서 지층이 보이는 노두는 한정되어 있으므로 현지 조사에서 알 수 있는 것은 단편적인 지질 정보입니다. 좀 더 통합적으로 정보를 파악하기 위해서는 그 장소의 지질이 어떻게 생성되었는지, 각 지층의 생성 원인을 고려해서 생각할 필요가 있습니다. 한 번에 쭉 이어지지 않는 것은 지층이 퇴적한 후에 한 장소에서는 남고 다른 장소에서는 깎였기 때문입니다. 지층의 기록은 부분적으로만 남아 있는 경우가 많습니다. 가까운 곳에 있던 지층이 퇴적 후 단층 활동으로 이동하기도 합니다. 전문가는 이런 복잡한 과정을 여러 노두를 돌면서 관찰한 결과를 정리하고 다양하게 분석하고 고민하여 밝혀냅니다.

지질도는 한국지질자원연구원 홈페이지(https://www.kigam.re.kr)에 접속하면 얻을 수 있습니다. 연구원 홈페이지에서 '지질도 검색'이라는 메뉴를 선택하면 지질정보서비스시스템으로 연결됩니다. 지질정보서비스시스템은 지질도뿐만 아니라 지형에 대한 다양한 정보를 제공합니다.

▶ 지표 아래에 분포하는 지질을 나타내는 지질도

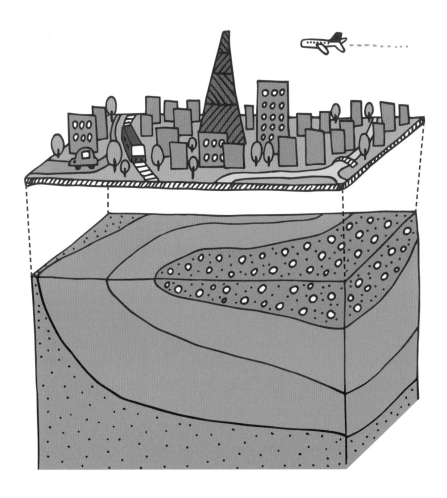

53

지층을 기록하는 방법

지층을 현장에서 관찰하면 지층의 방향이나 모양, 색, 단면 등 다양한 정보를 한 번에 접하게 되어서 맨 처음에는 무엇이 중요한 정보인지 잘 알 수 없게 됩니다. 지층을 이해하는 데 핵심이 되는 정보는 각 지층이 어떻게 생성되었는가 하는 것입니다. 이를 파악하기 위해서는 지층의 넓이와 쌓인 모양에 대한 이해가 필요합니다.

넓은 범위에서 지층이 어떻게 펼쳐져 있는지, 평면적으로 조사할 필요가 있습니다. 지층을 관찰하고자 하는 지형의 지형도를 국토지리정보원(http://map.ngii.go.kr/)에서 출력합니다. 노두에 대한 정보는 지질정보서비스시스템에서 얻을 수 있습니다.

지층을 관찰한 장소(노두)의 위치는 지도에 표시합니다. 노두를 여러 곳 관찰하게 되므로 각 장소에 번호를 매깁니다. 날짜와 관찰한 순서로 번호를 조합하는 것이 편리합니다. 관찰 결과는 '필드노트'에 기록합니다. 노두 번호와 함께 지층의 두께, 색, 입자의 크기, 단면 형태 등을 관찰하여 기록합니다. 그 결과를 간편하게 기록하려면 주상도(柱狀圖)에 표시합니다. 주상도를 쓸 때는 지층의 종류를 번호와 색으로 나타냅니다.

지층의 모습을 관찰할 때는 클리노미터(clinometer)라는 도구를 사용합니다. 대신 컴퍼스를 사용해도 좋습니다. 지층의 색은 색상, 명도, 채도의 요소를 조합하여 흙의 색을 숫자로 나타낸 일람표인 '토색첩(土色帖)'을 사용하는데, 실제 지층과 토색첩을 비교하여 색을 판단합니다. 그 장소의 사진을 찍을 뿐 아니라 그곳이 어떠한 장소인지 스케치해두면 좋습니다. 현지를 자세히 관찰함으로써 지층의 경계가 어디에 있는지, 또한 어떤 특징을 지니는지를 이해할 수 있게 됩니다.

관찰한 사항은 집에 돌아가서 정리합니다.

▶ 지층을 관찰할 때 준비할 것과 주의점

입자 크기

2mm   1/16mm

색

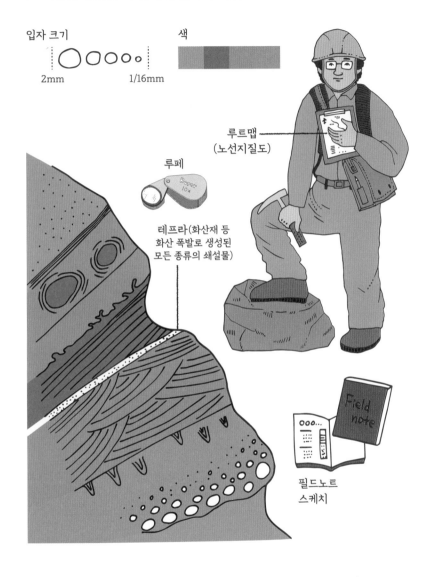

루트맵
(노선지질도)

루페

테프라(화산재 등
화산 폭발로 생성된
모든 종류의 쇄설물)

Field
note

ooo...

필드노트
스케치

벼랑은 어두운 곳에 있는 경우가 많으므로 사진을 찍을 때는 삼각대를 이용합니다. 촬영할 때는 크기를 알 수 있도록 축척을 넣도록 합시다.

54

구멍을 파서
지층을 조사하다

건물을 지을 때는 그곳의 지반이 되는 지층이 단단한지부터 조사합니다. 지진이 났을 때 연한 지층 위에서는 단단한 지층에 비해 진도가 1 차이 난다고 합니다. 굳기만을 조사한다면 스테인리스 등의 봉을 지면에 박아서 얼마나 쉽게 들어가는지를 재는 관입시험을 합니다. 더욱 자세히 조사할 때는 지층을 실제로 파보아야 합니다.

지층의 단면을 조사하기 위해서는 '보링(boring) 조사'라는 방법을 씁니다. 구멍을 파면서 지층을 채집합니다. 수십 미터 깊이를 팔 때는 기계를 쓰지만, 지표면에서 수 미터일 때는 사람이 직접 채굴합니다.

지층의 3차원적 넓이는 조사할 때는 '트렌치(trench) 조사'라는 방법을 이용합니다. 예를 들어 과거 지진의 이력을 조사할 때는 활단층이 지나는 장소를 지표의 지형에서 짐작하여 그 장소를 팝니다. 그곳의 지층이 어떻게 변형되어 있는지를 비롯하여 연대를 나타내는 화산재 등을 조사합니다. 단층이 3차원적으로 어떻게 펼쳐져 있는지를 알면 더욱 깊은 장소에 있는 단층의 펼쳐짐을 추정할 수 있습니다.

초등학교와 중학교에서는 학교 건물을 지을 때 보링 조사 샘플을 남기기도 합니다. 선생님에게 물어보면 학교 지하에 어떤 지층이 펼쳐져 있는지 볼 수 있을지도 모른답니다.

▶ 보링 조사와 트렌치 조사

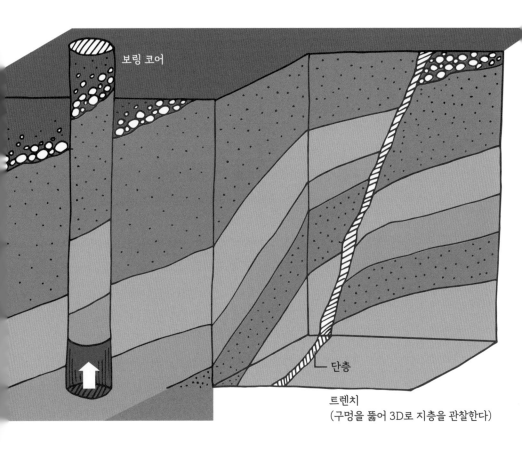

보링 코어

단층

트렌치
(구멍을 뚫어 3D로 지층을 관찰한다)

55

가까운 자연을 조사하기

지금까지 배운 내용을 토대로 가까운 자연을 조사해봅시다. 여기서는 강 주변의 지형이나 지층을 어떻게 관찰할지를 생각해보겠습니다. 강 주변에는 여러 단의 단층상 지형이 분포한다는 사실을 알 수 있습니다. 이는 '하성단구' 또는 '하안단구'라는 지형입니다. 과거 강변이었던 평탄한 지형을 '단구면', 그 주변의 급격한 벼랑을 '단구애'라고 합니다.

대상이 되는 지역 전체에서 이 단구면과 단구애가 어떻게 펼쳐지는지를 지형도나 항공사진을 이용해 확인해보세요. 지도는 국토지리정보원에서 제공하는 지형도를 이용하면 좋습니다. 지형도에서는 급경사면은 등고선 간격이 좁고 완경사면은 간격이 넓게 표현되어 있습니다. 색연필을 이용해 지형도에서 단구면과 단구애를 색칠해보세요. 같은 지역의 항공사진을 이용하여 지형을 실내에서 먼저 관찰합니다. 항공사진은 겹치듯 연속하여 촬영되어 있으므로 두 장의 사진을 쓰면 지형이 입체적으로 보입니다. 단구면의 분포를 입체적으로 이해할 수 있지요.

이러한 실내 작업으로 이 지역 지형의 개요를 이해했다면, 다음은 현장에 나가봅시다. 우선은 대상 지역 전체를 한눈에 볼 수 있는 장소에 가서 지형 전체를 살펴보는 것이 좋습니다.

지형도에 나타난 벼랑 부분에는 이따금 지층이 노출된 노두가 있으니 그곳에서 지층의 퇴적층을 관찰합시다. 노두 전체는 스케치하고 그 결과를 주상도에 정리합니다. 주상도란 어떤 지층이 있는지, 색, 입자의 크기, 종류, 층의 두께 등을 자세히 기록한 것입니다. 노두의 가로 폭은 무시하고 주상도에 적어넣습니다.

노두가 있을 법한 장소는 빠짐없이 걸어서 데이터를 수집합니다. 대부분 장소에서는 식물이나 토양에 덮여 지층이 보이지 않습니다. 지형과 지층의

▶ 자연을 관찰하는 순서

지형도 등으로 사전 준비   현지에서 관찰/스케치/기록

정리하기

대응이나 보이는 지층의 관계에서 보이지 않는 부분을 추정합니다.

눈에 잘 띄는 화산재층 등이 있다면 그곳을 열쇠층으로 삼아 지층이 쌓인 순서나 지형의 형성 방법을 추적해봅시다. 현지에서는 화산재의 종류는 판별하기 어려우므로 지층의 조각을 조금 가져와서 실내에서 분석하여 동정 (同定, 물질의 소속과 명칭을 정하는 일—옮긴이)합니다.

마지막으로 실내에서 작업한 것과 현지에서 관찰한 결과를 종합하여 그 지역의 지형이나 지층의 특징에 관해 정리합니다.

56

보이지 않는
땅속을 조사하는 방법

우리 눈으로는 쉽게 볼 수 없지만 땅속에는 우리 생활에 필요한 석유나 석탄, 철광석 등 다양한 자원들이 포함되어 있습니다. 지층의 굳기에 따라 지진이 일어났을 때 피해가 크게 달라집니다. 지층의 분포와 양상은 장소에 따라 다르기에 각 지역에서 지층이 어떻게 펼쳐져 있는지를 조사하지 않으면, 자원을 이용할 수도 자연재해를 막을 수도 없습니다. 따라서 직접 땅을 파지 않아도 지층을 조사할 수 있는 방법이 여럿 연구되었습니다.

병원에 가면 의사가 몸을 가볍게 두드리며 진찰합니다. 진동을 주어서 그 전달 방식을 손으로 느낍니다. 지구 내부도 진동이 전해지는 방식을 재서 조사할 수 있습니다. 이는 지진을 이용하는 방법입니다. 한 장소에서 발생한 지진을 세계 각지에서 조사하면 지구 내부가 어떠한 구조로 이루어졌는지 알 수 있습니다. 좁은 범위를 자세히 조사하는 경우는 인간이 인공적으로 지진을 발생시켜 그 파동이 지하의 다양한 지층이나 구조에 반사되도록 합니다. 이 방법은 활단층을 조사할 때 곧잘 사용됩니다. 지진과 같은 진동은 아니더라도 전기 등의 다양한 주파수를 지니는 물질을 사용할 수 있습니다. 이처럼 암석의 물리적 성질에 따라 다르게 나타나는 물리적 현상을 조사해서 지질구조나 암석의 성질을 알아내는 일을 '물리 탐사(物理探査)'라고 합니다.

인공위성으로 얻을 수 있는 화면으로 지층을 조사하기도 합니다. 이 방법은 떨어진 곳에서 조사하므로 '리모트센싱(remote sensing)'이라고 합니다. 광대한 대륙이나 사막 등에서 쓰이는 방법입니다. 예를 들어 철광석이 분포하는 지층은 일정한 파장의 빛을 흡수합니다. 따라서 현지에 가지 않아도 인공위성이 촬영한 넓은 범위의 화면을 분석함으로써 어디에 그 지층이 있는지를 조사할 수 있습니다. 그리고 그 데이터를 근거로 현지 조사를 하게 되면 보다 효율적인 조사가 가능한 것입니다.

▶ 물리 탐사 방법

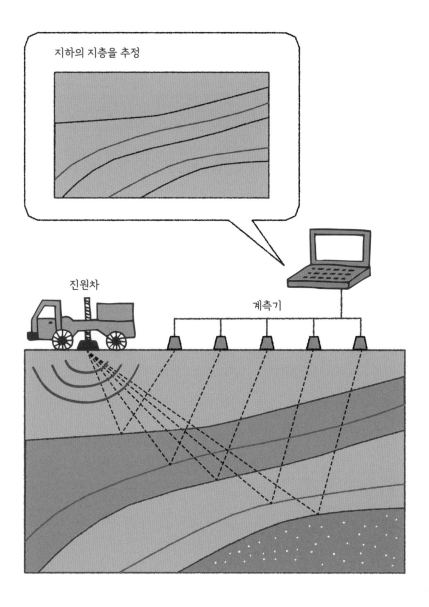

지하의 지층을 추정

진원차

계측기

지층 연대를 조사하는 법

각 지역의 지층이 언제 어떻게 형성되었는지를 알기 위해서는 '지층의 시대'를 조사해야 합니다. 그러나 지층의 시대를 조사하는 것은 그리 간단한 일이 아닙니다.

퇴적물에서는 그 지층이 형성되었을 때 함께 퇴적된 것을 이용합니다. 목재로 연대를 측정할 때는 탄소 동위원소를 조사합니다. 탄소 원자에는 중성자의 수가 미묘하게 다른 동위원소라는 것이 존재합니다. 질량이 다른 복수의 탄소가 존재하는 것이죠. 이 동위원소를 이용하여 연대를 측정합니다.

옛날에 서식했던 나무는 살아 있고 호흡했기 때문에 당시의 탄소 동위원소비율을 유지하고 있습니다. 그러나 지층에 뒤덮인 이후에는 방사성 변이가 진행되어 탄소 동위원소의 수가 줄어듭니다. 방사성 붕괴란 원자핵이 방사선을 내뿜으며 다른 원자핵으로 변하는 것을 가리키는데, 탄소14는 시간이 지남에 따라 질소14로 바뀌므로 그 양이 줄어듭니다. 이때 원소가 줄어드는 속도는 일정합니다. 그러므로 붕괴한 탄소 동위원소의 양을 알면 지층에 뒤덮인 후 어느 정도 시간이 흘렀는지 알 수 있습니다.

퇴적암의 경우 지층에 화석이 포함된 경우가 많으므로 그 화석을 조사합니다. 생물이 멀리 떨어져 있어도 형태가 같다면 같은 시대를 산 것입니다. 따라서 어떤 장소에서 화석의 연대를 자세히 조사했다면 떨어진 장소에서 같은 화석이 나왔을 때 그 지층의 연대를 짐작할 수 있습니다.

화성암에서는 암석에 포함된 방사성 광물을 이용하여 연대를 추정합니다. 용암에서 마그마로 식어서 굳을 때 지구 자기의 방향을 기록하기 때문에 어떤 방향으로 자석화되어 있는지를 조사하는 방법으로도 연대를 측정할 수 있습니다. 이렇듯 다양한 방법으로 측정된 연대를 비교하고 검토함으로써 지층의 연대가 결정됩니다.

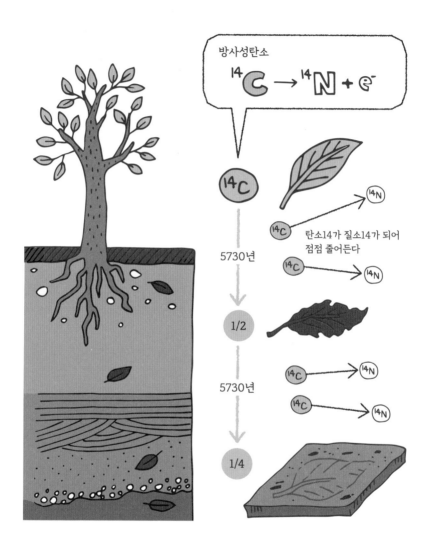

방사성탄소

$^{14}C \rightarrow {}^{14}N + e^-$

^{14}C

5730년

1/2

5730년

1/4

^{14}N

^{14}C 탄소14가 질소14가 되어
점점 줄어든다

58

지구에 관한 연구에 공적을 세운 사람들

이 책에서는 윌리엄 스미스(66쪽), 니콜라스 스테노(16, 66쪽), 찰스 라이엘(16쪽)의 이름이 나왔는데요. 수많은 과학자들의 연구 결과 현재 지구의 모습을 파악할 수 있었습니다. 그중 몇 명을 여기에서 소개하겠습니다.

○ 찰스 라이엘(스코틀랜드, 1797~1875)
라이엘은 『지질학 원리』라는 책을 썼습니다. "현재는 과거를 푸는 열쇠"라고 말하여 근대지질학의 확립에 공헌했습니다.

○ 안드리아 모호로비치치(크로아티아, 1857~1936)
모호로비치치는 지구의 내부구조에 관해 지진파를 연구했습니다. 전 지구적으로 지진파의 전달 방식을 분석하자 지구 내부에 불연속면이 있다는 사실을 알게 되었습니다. 바로 지구 표면의 지각과 그 내부의 맨틀과의 경계였습니다. 그 불연속면은 그의 이름을 따서 '모호로비치치 불연속면'이라고 부릅니다.

○ 알프레트 베게너(독일, 1880~1930)
지구 표면은 수십 장의 판으로 뒤덮여 있으며 그 판이 움직여서 화산 활동과 지각 변동이 일어난다는 생각이 '판구조론'입니다. 이 사고방식이 확립되기 훨씬 이전에 베게너는 '대륙이동설'을 주창했습니다.

○ 마쓰야마 모토노리(일본, 1884~1958)
지구는 커다란 하나의 자석이며 자기를 띱니다. 지구의 자기인 지자기는 지구의 역사 속에서 여러 번 반전을 거듭했습니다. 마쓰야마는 1926년 일본

찰스 라이엘
1797~1875

안드리아 모호로비치치
1857~1936

알프레트 베게너
1880~1930

마쓰야마 모토노리
1884~1958

베노 구텐베르크
1889~1960

효고현의 현무동굴에서 지자기를 조사하여 지자기 역전이 일어난 증거를 제
시했습니다.

○ **베노 구텐베르크(1889~1960)**
구텐베르크는 모호로비치치처럼 지진파를 분석하여 지구의 핵과 맨틀의 경
계를 발견했습니다.

지질을 더 재미있게 공부하기 위하여

한국지질연구원에서 운영하는 지질박물관을 방문해보세요. 대전에 있는 지질박물관은 현재의 지구를 쉽고 재미있게 이해할 수 있도록 암석, 광물, 화석 등 다양한 지질표본을 수집, 연구, 전시하고 있습니다. 상설전시를 보완하기 위해 2년마다 특별기획전을 개최하고 있으며, 체험관과 체험교육프로그램도 운영하고 있습니다. 지층과 지질공원에 관한 참고도서나 영화에도 관심을 기울이며 찾아보세요. 이러한 관심을 차차 키워가다 보면 우리가 딛고 서 있는 땅, 우리 동네가 무슨 돌로 이루어져 있는지, 돌이 어떤 자원으로 사용되는지, 이 땅에서 어떤 생물이 어떻게 진화해왔는지 등 우리가 살아가고 있는 지구에 대한 다양한 궁금증을 흥미롭게 풀어갈 수 있을 것입니다.

○ 더 읽어보기

『한국의 지질공원』, 국가지질공원, 박경화 지음, 이기욱 감수, 북센스, 2017.
『스미스가 들려주는 지층 이야기』, 김정률, 자음과모음, 2011.
『한반도 자연사 기행』, 조홍섭, 한겨레출판, 2011.
『한탄강 지질 탐사 일지』, 원종관, 최무장, 이문원 외 지음, 지성사, 2010.

나오며

모쿠다이 구니야스

이 책은 일본에서 2010년 4월에 발행된『관찰 방법의 포인트를 잘 알 수 있는 지층의 기본』의 개정판입니다. 출판사에서 이 책을 '기본' 시리즈로 재정비하면서 크게 내용을 변경하여 발행하게 되었습니다. 구판과 특히 다른 점은 지질학을 전문적으로 공부했고 현재는 사이언스 디자이너로 활약하고 있는 사사오카 미호 씨와 함께 작업한 것입니다. 사사오카 씨의 전문적이며 정확하고 친근한 그림과 제 글이 잘 어우러졌기에 이 책을 만들 수 있었습니다. 본문의 글을 먼저 읽고 그림을 보거나, 그림부터 보고 그 설명으로 글을 읽거나, 어느 쪽이든 쉽고 재미있게 즐길 수 있는 책으로 구성했습니다.

지구에 관해 공부하기 위해서는 현지에 가서 실제 지층과 지형을 보는 것이 중요하지만, 그와 동시에 다양한 현상을 개념으로 이해할 필요가 있습니다. 이 책처럼 '그림＋글'이라는 표현 방식이 다양한 현상을 개념으로 이해하는 강력한 도구가 되리라 생각합니다.

앞으로 더 좋은 표현 방식들이 발견될 것이라 봅니다. 의견이 있다면 꼭 알려주시길 바랍니다.

사사오카 미호

대지 위에서 살아가는 우리는 실은 그다지 대지를 알지 못하고 나날이 생활
하고 있습니다. 대지를 아는 것은 그리 어려운 일은 아닙니다. 우리 주변에
있는 지층이나 돌멩이를 관찰함으로써 땅의 이야기나 다양한 성격을 알 수
있습니다.

우리의 생활은 나날이 편리하고 풍요로워지고 있습니다. 과학기술이 물
리적으로 풍요로운 생활을 가능하게 해주었습니다. 하지만 우리 인간의 생
활 기반인 대지에 관해 생각하는 일은 적어졌습니다. 특히 자연재해는 그 위
험만이 주목받기 일쑤입니다. 그러나 우리가 주목해야 할 본질은 위험이 가
져다주는 대지의 은혜가 있기에 인간의 생활이 성립된다는 사실입니다. 이
처럼 인간과 대지의 상호 관계성을 이해함으로써 진정으로 풍요로운 삶을
얻을 수 있는 게 아닐까요?

사이언스 디자인을 업으로 삼으며 과학 정보를 오해 없이 그림으로 표현
하고자, 지층이나 지구과학이 더욱 매력적으로 사람들의 기억에 남도록 그
리고자 마음먹었습니다. 무엇보다 이 책을 통해 다양한 입장의 사람들이 대
지와 인간의 관계에 대해 새롭게 생각해볼 수 있기를 기대합니다.

이 책을 번역하면서 초, 중, 고등학교 때가 떠올랐습니다. 지층에 관련한 지식은 초등학교 때는 과학에 등장했고 중고등학교 때는 '지구과학'이라는 과목으로 제 앞에 나타났습니다. 사실 저는 지구과학을 그리 좋아하지 않았습니다. 시험 때문에 억지로 '지각'이니 '맨틀'이니 '캄브리아기'니 하는 입에 붙지 않는 말들을 외웠던 기억이 납니다. 사실 이 책은 누구보다 그때의 제게 선물해주고 싶다는 생각이 듭니다. 그랬다면 '지구과학'이 시험을 치르려고 억지로 공부하는 과목이 아니라, 내가 딛고 있는 이 땅과 늘 보는 산과 강, 돌멩이의 '삶'을 엿보는 흥미진진한 이야기로 받아들였을 테니까요.

이 책을 읽다 보니 자상한 설명과 한눈에 들어오는 컬러풀하고 과학적인 일러스트가 맞춤하게 어우러져 공부하는 느낌이 아니라 그저 지식이 쏙 스며드는 것 같습니다. 오래전에 배웠지만 아무렇게나 처박혀 있던 지식이 다시금 차곡차곡 쌓인 느낌을 받았습니다. 마치 '지층'처럼요!

2018년 가을, 도쿄의 출판사에 방문할 일이 있었습니다. 서고에서 한참 다른 책을 보고 있었는데 맨 아래에 꽂힌 이 책이 눈에 띄었습니다. 얼른 빼서 펼쳐보았고, 몇 장 읽지 않았는데도 '이 책은 지노 책이다'라는 확신이 들었습니다. 청소년들이 쉽고 재미있게 지식을 얻을 수 있는 책을 내고 싶다는 도진호 대표님 말씀이 생각났기 때문이지요. 그래서인지 이 책이 이렇게 지노출판의 책으로 한국 독자를 만나게 되어 더없이 기쁩니다.

　책을 소개하고 번역하는 일을 하면 할수록 책도 인연이 있다는 사실을 실감합니다. 그 인연을 값지게 만들어주신 지노출판에 감사드립니다.

2020년 3월
박제이

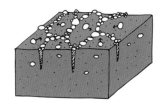

참고문헌

이 책을 집필하며 수많은 서적과 논문, 홈페이지를 참고했습니다. 가독성을 우선하느라 본문에 인용을 표시하지 않았습니다. 참고한 문헌은 다음과 같습니다.

아오키 마사히로·모쿠다이 구니야스, 『개정증보판 지층을 관찰하는 법을 알 수 있는 필드 도감(增補改訂版 地層の見方がわかるフィールド図鑑)』 세이분도신코샤, 2017.

《현대사상》, "특집 인류세: 지질연대가 나타내는 인류와 지구의 미래(人新世 — 地質年代が示す人類と地球の未来)", 세이도샤, 2017.

사이토 야스지, 『일본 열도의 생성을 읽다(日本列島の生い立ちを読む)』 이와나미신쇼, 1992.

사카이 하루타카, 『지구학 입문: 혹성 지구와 대기·해양의 시스템(地球学入門―惑星地球と大気·海洋のシステム)』 도카이대학출판회, 2003.

산업기술종합연구소 지질표본관편, 『지구 도설어스사이언스(地球 図説アースサイエンス)』 세이분도신코샤, 2006.

시라오 모토마로, 『달의 기본(月のきほん)』 세이분도신코샤, 2017.

다이라 아사히코, 『지질학 1 지구의 다이나믹스(地質学 1 地球のダイナミックス)』 이와나미쇼텐, 2001.

다이라 아사히코, 『지질학 2 지층의 해독(地質学 2 地層の解読)』 이와나미쇼텐, 2004.

다이라 아사히코, 『지질학 3 지구사의 탐구(地質学 3　地球史の探求)』 이와나미쇼텐, 2007.

지바 도키코, 『강변의 돌멩이 도감(かわらの小石の図鑑)』 도카이대학출판회, 0000.

마하지마쇼텐 편집부, 『뉴스테이지 신지학도표(ニューステージ新地学図表)』 하마지마쇼텐, 2013.

버나드 핍킨, 트렌트(저), 전국지질조사업협회연합회환경지질번역위원회(역), 『환경과 지질(環境と地質)』 고콘쇼인, 2004.

마루야마 시게노리, 『46억 년 지구는 무엇을 해왔는가?(46億年地球は何をしてきたか?)』 이와나미쇼텐, 1993.

야마가 스스무, 『지구에 관해, 아직 알지 못하는 것(地球について、まだわかっていないこと)』 베레출판, 2011.

International Commission of Stratigraphy, International Chrono-stratigraphic Chart, v. 2018/8.

찾아보기

그림으로 배우는 지층의 과학

초판 1쇄 2020년 3월 31일
초판 2쇄 2021년 7월 12일

지은이 모쿠다이 구니야스 | **그린이** 사사오카 미호 | **옮긴이** 박제이
감수 최원석 | **편집** 북지육림 | **본문디자인** 운용 | **제작** 제이오
펴낸곳 지노 | **펴낸이** 도진호, 조소진 | **출판신고** 제2019-000277호
주소 서울특별시 마포구 월드컵북로 400, 5층 19호
전화 070-4156-7770 | **팩스** 031-629-6577 | **이메일** jinopress@gmail.com

ⓒ 지노, 2020
ISBN 979-11-90282-08-6 (03400)